学びやすい つのポイント

本書は、Pythonでデータ分析をはじめて学ぶ方を対象に、わかりやすく丁寧な解説を行い、つまずきやすいポイントもしっかりフォローしています。ここでは、本書でPythonによるデータ分析のスキルが身に付く4つのポイントをご紹介します。

POINT 1 Pythonによるデータ分析の基本がしっかりわかる！

4-3-2 Pandasを使ったデータ加工① データの結合

> Pythonでデータ分析をするためのライブラリ群を徹底解説しています。

来店情報と顧客情報、試験結果情報と学生情報など、異なる情報であるものの、顧客IDや学生IDといった共通のID（キー）を保持しています。共通のIDを持つ情報は形状が異なっていても、**pd.merge関数**で結合することができます。

pd.merge関数を使ったデータの結合

pd.merge関数でデータを結合します。第1引数と第2引数は、結合したいデータフレームを指定します。ワード引数のhowで結合方法を指定し、onで結合のキーとなる列名を指定します。

構文	pd.merge(左のデータフレーム , 右のデータフレーム , how=" 結合方法 ", on=" 結合のキーとなる列名 ")

例：変数dfと変数df2のデータフレームをキー列「顧客コード」で左外部結合する。

```
pd.merge(df, df2, how="left", on="顧客コード")
```

> 構文を使った簡単な例を紹介しています。構文をどのように使うのかがわかります。

結合方法によって、左右のデータフレームのデータをどのように残すかを指定します。方法のうち、「left」を指定して結合するプログラムを例に挙げます。

> プログラムの基本となる構文（文法）について、シンプルにわかりやすく説明しています。

方法の種類

合方法	意味	処理
left	左外部結合	左のデータフレームのデータをすべて残し、結合するキー列の値が一致するデータを右のデータフレームから取得し、結合する。
right	右外部結合	右のデータフレームのデータをすべて残し、結合するキー列の値が一致するデータを左のデータフレームから取得し、結合する。
inner	内部結合	結合するキー列の値が、両方のデータフレームで一致するデータのみを取得し、結合する。
outer	外部結合	結合するキー列の値をすべて残し、結合する。

POINT 2

手を動かして実行結果を確認して内容理解！

実践してみよう

　P.176で作成した変数dfのデータフレームから、plotメソッドを使って〇〇〇みましょう。

構文の使用例

プログラム：5-3-2_1

```
01  fig = plt.figure(figsize=(5, 3))
02  ax = fig.add_subplot(1, 1, 1)
03  df.plot(y="年齢", kind="hist", bins=20, ax=ax)
04  plt.legend(loc="upper left", bbox_to_anchor=(1, 1))
05  plt.show()
```

> 構文の使用例（プログラムの実践例）を紹介します。どのようにプログラムを記述すればよいのか、実例ベースでしっかりわかります。

解説

01　変数figに、幅を5、高さを3で作成したFigureオブジェクトを代入する。
02　変数axに、行数を1、列数を1、グラフの表示位置を1で作成したAxesオブジェクトを代入する。
03　変数dfのグラフの描画設定で、描画データの列名を「年齢」、グラフの種類を「ヒストグラム」、階級数を20、Axesオブジェクトを変数axに指定する。
04　凡例の表示位置を、グラフ描画の枠外の右上に設定する。
05　グラフを描画する。

実行結果

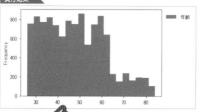

> プログラムの1行1行すべての動きを解説しています。1行でも不明な部分があると理解できないのがプログラムです。

　3行目で〇〇〇「年齢」、引数kindに「hist」を指定しているので、データフレームの列「年齢」のデー〇〇〇〇〇〇ストグラムが描画されます。
　〇〇〇省略した場合のプログラムを実行してみましょう。

```
                    figsize=(5, 3))
                 t(1, 1, 1)
                 , bins=20, alpha=0.5, ax=ax)
```

> プログラムのすべての実行結果を確認できます。実際に手を動かした実行結果と見比べることで、理解が深まります。

5

データの可視化を行う

183

2

POINT 3 挫折しやすい部分を徹底フォロー

⚠ よく起きるエラー

2つのデータフレームのどちらかに、結合のキーとなる列がない場合はエラーに

実行結果

```
KeyError                                  Traceback (most recent call last)
~\AppData\Local\Temp\ipykernel_8496\200976315.py in ?()
----> 1 df_merge = pd.merge(df_rcpt, df_cs, how='left', on='レシートNo')
      2 df_merge

~\AppData\Local\Programs\Python\Python312\Lib\site-packages\pandas\core\reshape\merge.py in ?(left, right,
w, on, left_on, right_on, left_index, right_index, sort, suffixes, copy, indicator, validate)
   166              validate=validate,

   1912          # Check for duplicates
   1913          if values.ndim > 1:

KeyError: 'レシートNo'
```

- エラーの発生場所：1行目「on="レシートNo"」
- エラーの意味　　：結合のキーとなる列「レシートNo」は存在しない。

プログラム：4-3-2_e1

```
01  df_merge = pd.merge(df_rcpt, df_cs, how="left", on="レシートNo")
02  df_merge
```

- 対処方法：左右のデータフレームに共通する列名をキー列に指定する。

> 形状が異なるデータフレームを結合するときは、列名とそれ
> うな意味を持つデータなのかを確認しよう。

プログラミングを学ぶときの挫折しやすい部分を「よく起きるエラー」として随所で取り上げます。

エラーがどこで発生しているのか、そのエラーの意味は何かを解説します。

エラーの対処方法を解説します。どこを修正したら正常に動作するようになるのかわかります。

参考となる情報も充実

知っておくと便利なテクニックや、さらに深掘りした知識など、参考となる情報も充実しています。

> **Reference**
>
> **np.where関数の条件分岐の返却**
>
> np.where関数では、第2引数と第3引数を指定できます。第1引数の条件に一致した場合は第2引数を返し、一致しない場合は第3引数を返します。次のプログラムでは、数値「35.0」以上の要素の場合に文字列「猛暑日」を返し、そうでない要素の場合は文字列「真夏日」を返します。
>
> **プログラム：3-3-5_r1**
> ```
> 01  np.where(np_li>=35.0, "猛暑日", "真夏日")
> ```
> **実行結果**
> ```
> array(['真夏日', '真夏日', '猛暑日', '真夏日', '真夏日', '猛暑日', '猛暑日'], dtype='<U3')
> ```

実習問題で実力がバッチリ身に付く！

プログラム：5-7-1_p7

- データフレーム（変数df_grpbar）から、棒グラフを描画する。
- 変数figに、幅を5、高さを3で作成したFigureオブジェクトを代入する。
- 変数axに、行数を1、列数を1、グラフの表示位置を1で作成したAxesオブジェクトを代入する。
- 数df_grpbarのグラフ描画設定で、グラフの種類を「棒グラフ（垂直）」、Axesオブジェクトを変数ax、項目の色を「赤」「シアン」「マゼンタ」「黄」「青」の順でリストに指定する。
- 凡例の表示位置を、グラフ描画の枠外の右上に設定する。

実行結果例

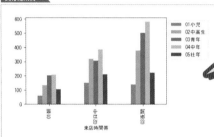

実習問題として取り組む「実行結果例」をみて、同じように動作するプログラムを作成します。

解答例

プログラム

```
01  fig = plt.figure(figsize=(5, 3))
02  ax = fig.add_subplot(1, 1, 1)
03  df_grpbar.plot(kind="bar", ax=ax, color=["r", "c", "m", "y", "b"])
04  plt.legend(loc="upper left", bbox_to_anchor=(1, 1))
05  plt.show()
```

実習問題の解答例を紹介します。実際に作成したプログラムと比べることで、さらに実力が身に付きます。

解説

```
01  変数figに、幅を5、高さを3で作成したFigureオブジェクトを代入する。
02  変数axに、行数を1、列数を1、グラフの表示位置を1で作成したAxesオブジェクトを代入する。
03  変数df_grpbarのグラフ描画設定で、グラフの種類に「棒グラフ（垂直）」、Axesオブジェクトに変
    数ax、項目の色を「赤」「シアン」「マゼンタ」「黄」「青」の順でリストに指定する。
04  凡例の表示位置を、グラフ描画の枠外の右上に設定する。
05  グラフを描画する。
```

解答例のプログラムの1行1行すべての動きを解説しています。これによりプログラム全体の理解が深まります。

学習するプログラムのコードはすべてダウンロード可能

本書で学習するすべてのプログラム（実習問題や参考のプログラムも含めて）をダウンロードできるようにしています（詳細は表紙裏を参照）。

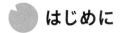
はじめに

　Pythonは、シンプルに記述することができて、データ分析やAIの機械学習など様々な用途にも使えることから、近年最も注目されているプログラミング言語のひとつです。

　富士通ラーニングメディアでは、その注目されているPythonに関する研修コースをラインナップとしてご提供しており、その中でもデータ分析の入門レベルに相当し、人気のある「Pythonによるデータアナリティクス 〜Step1 可視化・解釈編〜」の研修コースの内容を今回書籍化しました。

　本書は、研修コースの特徴を活かし、プログラミング実習を数多く収録した作りとしています。実際に手を動かすことで、Pythonを使ったデータ分析の基礎を学習できるようにしています。Pythonでデータ分析する際には、「データの数値計算(NumPy)」→「データの加工と集計(Pandas)」→「データの可視化(Matplotlib)」といった大きな流れがあります。

　本書では、Pythonによるデータ分析では欠かせないNumPy、Pandas、Matplotlibといったライブラリの使い方について、「①文法のルール(構文の使い方)→②文法のルールに従ったプログラム例→③プログラム例の実行結果」の流れで学習します。たくさんのプログラムを実際に手を動かすことで、プログラムがなぜそう動くのかをしっかり理解できるように解説しています。また、最後の章では、AI(人工知能)のプログラミングで使われるグループ分けの手法である「クラスタリング」にも触れています。

　プログラミングの書籍は、一度挫折すると以降は進められない傾向がありますが、プログラムが正しく動かない場合の「よく起きるエラー」を随所でご紹介し、そのエラー原因と対処方法を解説しています。また、プログラムは1行でも不明な部分があると何をやっているのかわからなくなりますが、本書では1行1行のプログラムの動きを解説しているので理解が深まります。これらにより、自習書でも挫折をしないようにしています。

　富士通ラーニングメディアの「Python関連の研修コース」は、充実したラインナップ体系になっており(具体的には本書の付録でご説明)、本書で研修コース相当の知識を習得していただいたあとは、その上位の研修コースであるAIの機械学習のコースである「Pythonによるデータアナリティクス 〜Step2 機械学習基礎編(分類・回帰)」などがありますので、受講いただくことでさらにPythonの上位スキルを習得していただくことができます。

　本書で学習していただくことによって、Pythonによるデータ分析の基礎的な知識を徹底的に身に付けていただければと思います。

2024年7月11日
FOM出版

目次

第 1 章

データ分析の概要を理解する

…………………… 11

第 2 章

Pythonによるデータ分析の環境構築を行う

………………… 21

第 3 章

データの数値計算を行う

………………… 41

第4章

データの加工と集計を行う

第5章
データの
可視化を行う

第6章
データの
グルーピングを行う

本書をご利用いただく前に

本書で学習を進める前に、ご一読ください。

1 本書の記述について

操作の説明のために使用している記号には、次のような意味があります。

記述	意味	例
⬚	キーボード上のキーを示します。	Enter
⬚ + ⬚	複数のキーを押す操作を示します。	Ctrl + C （Ctrl を押しながら C を押す）
《 》	メニューや項目名などを示します。	《開く》をクリック
「 」	入力する文字列や、理解しやすくするための強調などを示します。	「python -V」と入力 「ipynb」という形式になります

実践してみよう	プログラムの動きを 確認する実践的な解説

実習問題	実習問題

構文の使用例	Pythonの構文を使った プログラムの例	解答例	実習問題の 標準的な解答例

よく起きるエラー	エラーになりやすい 部分の紹介	Reference	参考となる情報

2 製品名の記載について

本書では、次の名称を使用しています。

正式名称	本書で使用している名称
Windows 11	Windows
Python 3	Python

③ 学習環境について ・・・・・・・・・・・・・・・・・・・・・・・

　本書は、インターネットに接続できる環境で学習することを前提にしています。インターネットから次のソフトをダウンロードしてインストールし、学習を進めていきます。

```
Python 3、NumPy、Pandas、Matplotlib、scikit-learn、Jupyter Lab
```

　本書を開発した環境は、次のとおりです。

OS	Windows 11 Pro（バージョン23H2　ビルド22631.3527）
Python	Python 3.12.2
ライブラリ	NumPy 1.26.4 Pandas 2.2.1 Matplotlib 3.8.4 scikit-learn 1.5.0 Jupyter Lab 4.1.1
ディスプレイの解像度	1280×768ピクセル

※本書は、2024年3月時点のPythonの情報に基づいて解説しています。
　今後のアップデートによって機能が更新された場合には、本書の記載のとおりに操作できなくなる可能性があります。
※Windows 11のバージョンは、■（スタート）→《設定》→《システム》→《バージョン情報》で確認できます。
　また、Pythonのバージョンを確認する方法は、P.25を参照ください。

④ 学習ファイルのダウンロードについて ・・・・・・・・・・・・・・・

　本書で使用するファイル（プログラム）は、FOM出版のホームページで提供しています。表紙裏の「学習ファイル・ご購入者特典」を参照して、ダウンロードしてください。ダウンロード後は、表紙裏の「学習ファイルの利用方法」を参照して、ご利用ください。

⑤ 本書の最新情報について ・・・・・・・・・・・・・・・・・・・・・

　本書に関する最新のQ&A情報や訂正情報、重要なお知らせなどについては、FOM出版のホームページでご確認ください（アドレスを直接入力するか、「FOM出版」でホームページを検索します）。

ホームページアドレス	ホームページ検索用キーワード
https://www.fom.fujitsu.com/goods/	FOM出版

※アドレスを入力するとき、間違いがないか確認してください。

## 第 1 章

データ分析の概要を
理解する

1-1 データ分析

ビジネスでの意思決定において、データ分析は重要な役割を担います。データを分析することで、より効率よく業務改善を行えます。ここでは、データ分析で実現できることや、データ分析の流れについてみていきましょう。

1-1-1 データ分析でできること

データ分析とは、収集したデータから何らかの分析を行うことです。データ分析をすることによって、起こっている事実を把握したり、問題点を見つけたりするなど、意思決定に役立てることができます。データ分析を行う目的は、大きく5つに分類できます。

● 現状把握

収集したデータを集計表やグラフにまとめる（要約する）ことで、データの特徴や傾向を把握することができます。例えば、商品の売上情報から、現状の販売実績を把握したり、これと過去の販売実績を比較したりすることができます。このような現状把握によって、今後の売上目標や改善施策などを設定することもできます。

● セグメンテーション

似たような傾向を持つデータをセグメンテーション（グルーピング）することができます。例えば、顧客の購買履歴を使い、似たような購買傾向を持つ顧客のグループに分けることができます。このようなセグメンテーションによって、個々の顧客に対して、より購入確率の高い商品を薦めることができます。

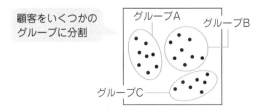

効果測定

　業務における改善策やキャンペーンなどの施策に効果があったかどうかを、統計的に検証することができます。施策の前後のデータを分析することで、その施策に効果があったのかどうかを測定できます。このような効果測定によって、効果のある施策を判断し、さらに効果のある施策を検討することもできます。

関係性の把握

　データとデータの間に関係性があるかどうかを把握することができます。例えば、商品の売上に影響を与えるような事象を見つけることができるとします。このような関係性の把握によって、事象に沿った施策を実行して、商品の売上拡大につなげられるかもしれません。

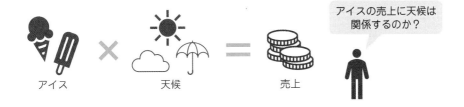

予測

　既存のデータから、予測するためのルールやパターンを見つけることで、未知のデータを予測することができます。また、見つけたルールやパターンをシステム化することもできます。例えば、過去の故障のルールやパターンを見つけて、故障かどうかを予測できます。このような予測によって、未然に事故を防げる可能性が高まります。

データ分析によって何ができるかを理解しておくと、問題の解決方法を見つけるヒントになるよ。

1-1-2 データ分析のプロセス

狭義ではデータを分析する工程のみのことをデータ分析と表現しますが、広義のデータ分析は4つの工程に分かれます。

プロセス		計画		データ準備		データ分析		活用		施策実行
		発想	分析計画	収集	加工	分析	評価		施策立案	
必要な知識	ビジネス（業務）	← →						← →		
	ICT		← →							
	分析		← →		← →					

広義のデータ分析は、「計画」→「データ準備」→「データ分析」→「活用」という順で4つの工程を行います。データ分析というのは、狭義のデータ分析である3番目の「データ分析」の工程だけで成り立つものではありません。その前の「計画」「データ準備」の工程がおざなりになってしまうと、データ分析自体が失敗してしまう恐れがあります。また、データ分析というものは、ビジネスや社会において、何らかの価値を見い出すことが目的なので、分析結果の「活用」の工程も重要なプロセスです。分析結果からどのような施策を行うのかを検討し、施策を実行します。そして施策の実行後は、その施策に効果があったのかを測定したり、さらに改善案の検討を行ったりします。実際のデータ分析を行うプロジェクトでは、上記のプロセスを何度も回していきます。

それでは、4つの工程で何を行うのかを確認していきましょう。

● 計画

「データを使って取り組みたいこと」を発想し、収集対象のデータや分析手法などの計画を立てます。発想の段階では、ビジネスの知識や、業務の知識が求められます。その後、ICTや分析の専門家も交え、実現可能な計画に仕立てます。

例えば、店舗ごとの売上情報と顧客情報を使って、売上を上げるための施策を考えられないか、といった発想からスタートします。

● データ準備

分析計画に基づいて、必要なデータを用意します。POSデータ（販売記録データ）のような既存の収集データだけでは足りない場合、分析に必要なデータを得る方法から検討します。また、収集したデータをそのままの状態では分析できないことも多く、分析できる状態になるまでデータを加工します。加工は、

全プロセスの中で最も時間がかかります。

　ここでは、ICTの知識が必須となります。分析に近い段階での加工では、数学・統計などの分析の知識が必要となります。

● データ分析

　分析計画に基づいて、データを分析し、得られた結果を数学的に評価します。求める結果が得られなかった場合には、手法を変えて分析するか、データ準備をし直して再度分析します。

　ここでは、分析の手法を適用したり、評価したりするため、分析の知識が必要となります。

● 活用

　分析で得られた結果をビジネス観点で解釈し、ビジネスで活用できるかどうかを検討します。問題点を見つけることがゴールであれば「評価」でデータ分析が終わる場合があります。問題点を解決するための方針を決めることがゴールであれば、具体的な施策を立案します。

　ここでは、ビジネスで活用できるかどうかを検討するため、ビジネスの知識や、業務の知識が必要になります。

Reference

ICT とは

ICT は Information and Communication Technology（情報通信技術）の略で、コンピュータを使った情報処理技術だけではなく、通信技術による情報のやり取り（コミュニケーション）に重きを置いた用語です。身近な ICT の活用事例は、POS システム（POS レジ）やオンライン学習サービスなどが挙げられます。

小売には欠かせない POS システムは、会計機能を持つだけではなく、複数店舗の POS データを蓄積して管理することができます。蓄積された POS データを分析することで、売上予測を立てて商品を仕入れたり、混雑する時間帯を把握して人員を調整したりといったことに活用できます。

また、オンライン学習サービスは、利用者ごとの学習進捗やテスト問題の正答などの情報を蓄積しておくことで、利用者に合わせた学習プランの提供に役立てられます。

Reference

データを収集する方法

ICT では、一般的に**データベース**と呼ばれるものを使ってデータを蓄積します。データ分析には、データベースに蓄積したデータを使うほかに、**スクレイピング**を行ったり、センサーから取得した情報を使ったりもします。

スクレイピングとは、Web ページから自動的にデータを収集することで、Python でスクレイピングを行えます（スクレイピングを行うライブラリを使います）。また、工場や倉庫では、温度管理、モノの位置の管理、機械の稼働状況などを、センサーを利用して離れた場所の測定をする**センサーデバイス**を使ってチェックしています。センサーデバイスで収集した情報は、ネットワークを経由して取得することができるので、データ分析によく用いられています。

1-2 Pythonによるデータ分析

Pythonはプログラムが読みやすく、初心者でも学びやすい言語ですが、データ分析に利用することもできます。Pythonを使ったデータ分析の特徴や方法についておさえておきましょう。

Pythonによるデータ分析の特徴

Pythonを使ったデータ分析は、非常に人気があり、近年は標準的な手段として活用されています。人気となっている主な理由には、次のようなものがあります。

● データ分析のためのライブラリが充実

データ分析に適したライブラリ（拡張機能）が豊富で、データの収集から加工、分析までをPythonを使って一通り行えます。また、機械学習のライブラリも充実しています。機械学習については第6章であらためて説明しますが、機械学習を用いることで「（大量の）データから特徴的なパターンを発見する」ことができます。人間では判断しきれない何かを、コンピュータが発見することを期待できます。

● マルチプラットフォーム・大量のデータ処理

Pythonは、マルチプラットフォームに対応しており、Windows、Linux、macOSなどで利用できます。また、汎用的なプログラミング言語なので、データベースを操作したり、Webやセンサーデバイスなどからデータを収集したりもできます。コンピュータの性能にも依存しますが、大量のデータを扱えるのも大きなメリットです。

● 低コスト

Pythonは、オープンソースであり、ライブラリなどは無償で利用できるため、導入するのにコストがかかりません。このため、データ分析を始めやすいといえます。また、日本語の書籍やインターネット上に情報がたくさんあり、学ぶためのノウハウを得ることが比較的容易です。

1-2-2 Pythonによるデータ分析に必要なスキル

　Pythonでデータ分析を行うためには、汎用的なスキル（Pythonのプログラミングのスキル、データ分析の知識）と、「Python×データ分析」特有のスキル（Pythonのデータ分析ライブラリを扱うスキル）が求められます。このうち、汎用的なスキルは、他の場面にも転用できるので、使い回せるスキルともいえます。

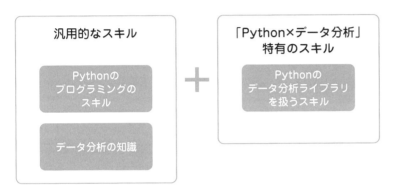

Pythonのプログラミングのスキル

　Pythonの文法に関する知識や、その知識を活かしてPythonでプログラムコードを記述できるスキルを指します。これらのスキルは、データ分析に限らず、アプリケーション開発や、特定業務を自動化する用途など、Pythonを利用する際には必要になります。

データ分析の知識

　データ分析の手法に関する知識や、分析結果の評価に関する知識を指します。例えば、要約や回帰、分類、クラスタリングといったデータ分析の手法に関する知識があります。これらは、Pythonを使ったデータ分析に限らず、他の分析ソフトウェアや、クラウドの分析サービスなどを使ったデータ分析の際にも必要になります。

Pythonのデータ分析ライブラリを扱うスキル

　Pythonでデータ分析を行うには、データ分析用のライブラリを利用します。そのため、後述するNumPyやPandas、Matplotlibといったデータ分析用のライブラリを扱うスキルが必要になります。このスキルは、Pythonのプログラミングのスキルと、データ分析の知識を保有していれば、比較的習得するのが容易です。

1-2-3 Pythonによるデータ分析に必要な環境

　Pythonによるデータ分析に必要な環境には、Pythonの実行環境をベースにして、「データ分析に使用するライブラリ」、プログラムを記述して実行するための「開発環境」があります。なお、ライブラリのインストール方法や、開発環境の基本的な使い方については、第2章で説明します。

データ分析に使用するライブラリ

　ライブラリとは、よく使われる処理のプログラムがまとめられたものです。Pythonには様々なライブラリがありますが、Pythonをインストールしたら標準で含まれている**標準ライブラリ**と、個人や企業などによって作成された**外部ライブラリ**があります。データ分析に必要となる主要なライブラリは、外部ライブラリになります。標準ライブラリには、データ分析用のライブラリが含まれていないため、用途に応じて必要な外部ライブラリをインストールして利用します。

データ分析に使用する代表的なライブラリ

ライブラリの種類	ライブラリ名	標準ライブラリ	概要
分析用ライブラリ	NumPy		数値計算を行う。
	Pandas		NumPyと組み合わせて、表やファイルの読み書きを行う。
	Matplotlib		グラフを描画する。
	scikit-learn		機械学習に用いる。
汎用ライブラリ	os	○	ファイルシステムなどOSの機能を利用する。
	json	○	JSON形式のファイルを扱う。
	csv	○	CSV形式のファイルを扱う。
	datetime	○	日付や時間を扱う。
	requests		HTTPリクエストを行う。

　本書の第3章でNumPy、第4章でPandas、第5章でMatplotlib、第6章でscikit-learnを学びます。これらの他にもPython標準の数学関数用のmath、科学計算用のSciPyなどをデータ分析に利用することがあります。

　また、データ分析で使用するデータを収集する際に、標準ライブラリを利用して、JSON形式のファイルやCSV形式のファイルからデータを読み込んだり、HTTPリクエストでWebからデータを読み込んだりすることができます。なお、PandasにもCSVファイルを読み込むための関数が用意されています。

開発環境

開発環境を使うことで、効率的にPythonでデータ分析を行うことができます。よく使われる開発環境には、次のようなものがあります。

Jupyter Lab

Webベースのノート型の開発環境で、Webブラウザを使います。プログラムコードとコメント文に加え、グラフなどの描画結果を含んだ様々な実行結果が、1つの画面上に表示されます。また、プログラムコードを一度に実行することも可能ですが、少しずつプログラムコードを分けて段階的に実行できるのが便利です。そのため、データ分析の過程と実行結果のドキュメント化に向いているという側面もあります。プログラムコードの実行順序なども表現されるので、再度、順番にプログラムを実行することも容易です。

なお、Jupyter Labは、PCのローカルのWebブラウザを利用します。Pythonだけでなく、Rなどの他のプログラム言語でも使えます。

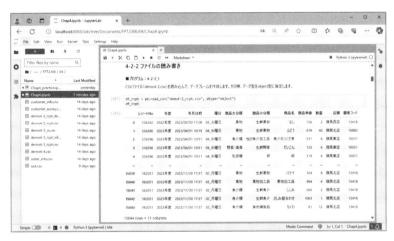

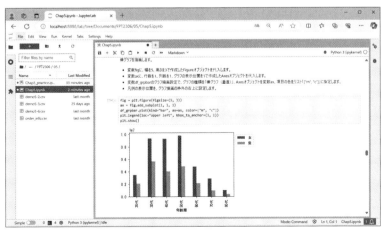

統合開発環境（IDE）

　統合開発環境を使うと、プログラムの記述と実行結果の確認を、同じアプリケーションで行えます。統合開発環境は、**IDE**（Integrated Development Environment）とも呼ばれます。

　Python専用のSpyderやPyCharm、Pythonだけでなく他のプログラム言語でも使われるVisual Studio Codeなどがあります。構文エラーなどのチェックや、開発環境のカスタマイズができるので、効率的にプログラミングを行えます。

メモ帳とコマンドプロンプト

　Windowsに標準で搭載されている**メモ帳**と**コマンドプロンプト**を使う方法です。メモ帳などのテキストエディタでプログラムを記述し、コマンドプロンプトで実行します。追加でソフトウェアのインストールが不要な反面、プログラムコードを少しずつ段階的に実行することができなかったり、ドキュメント化ができなかったりするため、データ分析には不向きだといわれています。

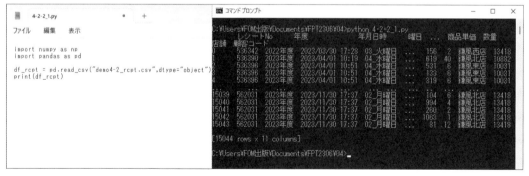

本書では、Pythonによるデータ分析でよく利用されているJupyter Labを使うよ。使い方は、次の第2章で説明するね。

第 2 章

Python による
データ分析の
環境構築を行う

2-1 Pythonの環境構築

Pythonでデータ分析をするために必要なものを個別にインストールします。まずは、Pythonの実行環境をインストールする方法を解説しますので、実際に試してみてください。

2-1-1 Pythonのインストール

　Pythonの実行環境をインストールするために、公式のページ（https://www.python.org/downloads）からインストーラをダウンロードしましょう。なお、本書では執筆時点（2024年3月）での最新のバージョンでインストールを進めます。

　なお、この画面はMicrosoft Edgeでの操作例になります。その他のWebブラウザの場合は、この操作のように直接ファイルを実行するのではなく、フォルダを開くように操作してください。
　ダウンロードが完了したら、エクスプローラーでダウンロードしたフォルダを開きます。その後、インストーラをダブルクリックして起動しましょう。

❹ダブルクリックして開く

インストーラ《python-3.12.2-amd64.exe》が起動したら、《Add Python.exe to PATH》にチェックを入れます。

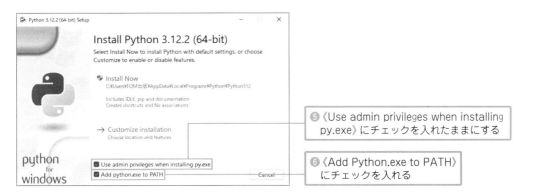

❺《Use admin privileges when installing py.exe》にチェックを入れたままにする

❻《Add Python.exe to PATH》にチェックを入れる

操作❻でチェックボックスにチェックを入れることを忘れないようにしよう。Pythonのプログラムを実行する際に必要な設定だよ。

続けて、《Install Now》をクリックしてそのまま待ちます。

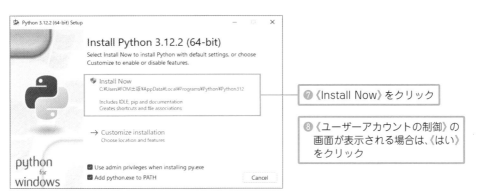

❼《Install Now》をクリック

❽《ユーザーアカウントの制御》の画面が表示される場合は、《はい》をクリック

「Setup was successful」と表示されたら、インストールは完了です。《Close》をクリックしてインストール画面を閉じましょう。

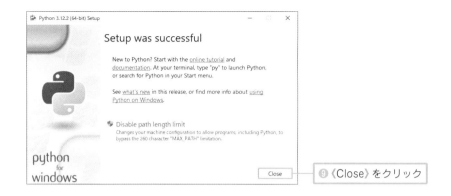

⑨《Close》をクリック

　Pythonをインストールしたあとは、**コマンドプロンプト**を使ってPythonが正常にインストールされたことを確認します。タスクバーの🔍（検索）の検索ボックスに「コマンドプロンプト」と入力するとアプリケーションが表示されるので、《開く》をクリックして起動します。

❶「コマンドプロンプト」と入力

❷《開く》をクリック

　　検索ボックスに「cmd」と入力しても、コマンドプロンプトが表示されるよ。

　コマンドプロンプトが起動したら、画面に表示されている「>」のあとに「python -V」と入力し、[Enter]を押してください。次のように「Python」に続いて数字が表示されれば、Pythonの実行環境が

正常にインストールできたことが確認できます。なお、この数字はPythonのバージョンを表しています。

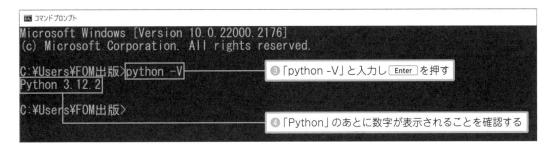

コマンドプロンプト

Microsoft Windows [Version 10.0.22000.2176]
(c) Microsoft Corporation. All rights reserved.

C:¥Users¥FOM出版>python -V ── ❸「python -V」と入力し [Enter] を押す
Python 3.12.2

C:¥Users¥FOM出版> ── ❹「Python」のあとに数字が表示されることを確認する

Pythonの実行環境はうまくインストールできたかな。Pythonでデータ分析するために、ベースになる環境だよ。

Reference

Pythonのアンインストール

もしPythonをインストールするときに、P.23の操作⑥で《Add Python.exe to PATH》にチェックを入れ忘れてしまった場合、コマンドプロンプトで「python -V」と入力しても、Pythonのバージョンが表示されません。その場合はPythonをアンインストールして、インストールをやり直しましょう。Pythonをアンインストールするには、インストーラをダウンロードしたフォルダ先を開いて《python-3.12.2-amd64.exe》を起動し、《Uninstall》をクリックするだけです。

《Uninstall》をクリック

2-2 ライブラリ

Pythonによるデータ分析では、NumPyやPandasなどの外部ライブラリを利用します。ここでは、ライブラリのインストールやインポートの方法について、解説します。手順に従って、インストールを進めてください。

2-2-1 ライブラリのインストール

外部ライブラリを使用するためには、インストールをする必要があります。ライブラリのインストールには、コマンドプロンプトで**pipコマンド**を使用します。pipコマンドは、Pythonをインストールすると使用できるようになるコマンドです。

コマンドプロンプトに次のような形でpipコマンドを入力して Enter を押すと、ライブラリをインストールできます。

例：ライブラリをインストールする pip コマンド
```
pip install インストールするパッケージ名
```

それでは実際に、Pythonでデータ分析をするために必要となる外部ライブラリをインストールしていきましょう。まずは、コマンドプロンプトに「pip install numpy」と入力して、NumPyをインストールします。

```
C:\Users\FOM出版>pip install numpy          ❶「pip install numpy」と入力し、 Enter を押す
Collecting numpy
  Downloading numpy-1.26.4-cp312-cp312-win_amd64.whl.metadata (61 kB)
                                         61.0/61.0 kB 806.3 kB/s eta 0:00:00
Downloading numpy-1.26.4-cp312-cp312-win_amd64.whl (15.5 MB)
                                         15.5/15.5 MB 9.0 MB/s eta 0:00:00
Installing collected packages: numpy
Successfully installed numpy-1.26.4

C:\Users\FOM出版>_
```

最後に「Successfully installed」と表示されれば、正常にインストールできています。他のライブラリも順番にインストールしていきましょう。

次に、コマンドプロンプトに「pip install pandas」と入力して、Pandasをインストールします。

```
C:¥Users¥FOM出版>pip install pandas
Collecting pandas
  Downloading pandas-2.2.1-cp312-cp312-win_amd64.whl.metadata (19 kB)
Requirement already satisfied: numpy<2,>=1.26.0 in c:¥users¥FOM出版¥appdata¥local¥prog
rams¥python¥python312¥lib¥site-packages (from pandas) (1.26.4)
Collecting python-dateutil>=2.8.2 (from pandas)
```
❷「pip install pandas」と入力し、 Enter を押す
```
Downloading six-1.16.0-py2.py3-none-any.whl (11 kB)
Installing collected packages: pytz, tzdata, six, python-dateutil, pandas
Successfully installed pandas-2.2.1 python-dateutil-2.9.0.post0 pytz-2024.1 six-1.16.0
 tzdata-2024.1

C:¥Users¥FOM出版>
```

次に、コマンドプロンプトに「pip install matplotlib」と入力して、Matplotlibをインストールします。

```
C:¥Users¥FOM出版>pip install matplotlib
Collecting matplotlib
  Downloading matplotlib-3.8.4-cp312-cp312-win_amd64.whl.metadata (5.9 kB)
Collecting contourpy>=1.0.1 (from matplotlib)
  Downloading contourpy-1.2.1-cp312-cp312-win_amd64.whl.metadata (5.8 kB)
Collecting cycler>=0.10 (from matplotlib)
```
❸「pip install matplotlib」と入力し、 Enter を押す
```
Installing collected packages: pyparsing, pillow, packaging, kiwisolver, fonttools, c
ycler, contourpy, matplotlib
Successfully installed contourpy-1.2.1 cycler-0.12.1 fonttools-4.50.0 kiwisolver-1.4.
5 matplotlib-3.8.4 packaging-24.0 pillow-10.3.0 pyparsing-3.1.2

C:¥Users¥FOM出版>
```

次に、コマンドプロンプトに「pip install scikit-learn」と入力して、scikit-learnをインストールします。

```
C:¥Users¥FOM出版>pip install scikit-learn
Collecting scikit-learn
  Using cached scikit_learn-1.5.0-cp312-cp312-win_amd64.whl.metadata (11 kB)
Requirement already satisfied: numpy>=1.19.5 in c:¥users¥fom出版¥appdata¥local¥program
s¥python¥python312¥lib¥site-packages (from scikit-learn) (1.26.4)
Requirement already satisfied: scipy>=1.6.0 in c:¥users¥fom出版¥appdata¥local¥programs
```
❹「pip install scikit-learn」と入力し、 Enter を押す
```
programs¥python¥python312¥lib¥site-packages (from scikit-learn) (5.0.0)
Using cached scikit_learn-1.5.0-cp312-cp312-win_amd64.whl (10.9 MB)
Installing collected packages: scikit-learn
Successfully installed scikit-learn-1.5.0

C:¥Users¥FOM出版>_
```

外部ライブラリによっては、インストールに時間がかかるから、焦らずにインストールの完了を待とう。

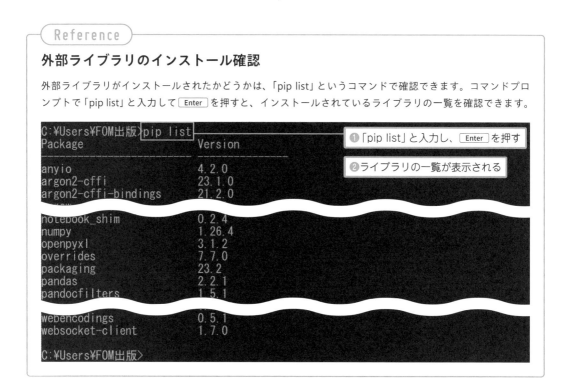

ライブラリのインポート

ライブラリを使用するためには、**import文**を使ってインポート（読み込み）する必要があります。また、インポートするライブラリには別名（エイリアス）を付けることが可能です。エイリアスを付けることで、プログラム内でライブラリの関数を呼び出す際の記述を短くできます。本書では、次の表のようなエイリアスを付けます。

インポートする際のエイリアス

ライブラリ名	インポートする際のライブラリ名	インポートするモジュールの単位	エイリアス名
NumPy	numpy	numpy	np
Pandas	pandas	pandas	pd
Matplotlib	matplotlib	matplotlib.pyplot	plt
scikit-learn	sklearn	分析手法による	分析手法による

ライブラリによって、インポートする範囲が異なります。NumPy、Pandasは、次のようにライブラリ全体をインポートします。

```
import numpy as np
```

```
import pandas as pd
```

Matplotlibは、「matplotlib.pyplot」というパッケージをインポートします。

```
import matplotlib.pyplot as plt
```

scikit-learnは、機械学習に用いるための様々なモジュールが含まれています。1つ1つのモジュールはデータ量が大きいため、すべてのモジュールをインポートするのではなく、import文にfromを付けて、利用するモジュールの単位でインポートします。

```
from sklearn import tree
```

scikit-learnは、分析手法によって、インポートする単位を使い分けよう。

Reference

ライブラリの構成

Pythonのライブラリは、Pythonで記述されたプログラムによって構成されています。プログラムが記述された1つのファイルを**モジュール**といい、モジュールには関数定義などのプログラムが記述されています。また、複数のモジュールの集まりを**パッケージ**といいます。

モジュールをまとめたものがパッケージ

package1

1つのファイルがモジュール

```
module1.py

  def function1():
      ......


  def function2():
      ......
```

```
module2.py

  def function3():
      ......


  def function4():
      ......
```

モジュールには関数などの
プログラムが記述されている

2-3 Jupyter Lab

最後にJupyter Labをインストールしましょう。また、Jupyter Labの起動や終了方法、操作方法などについても解説します。

2-3-1 Jupyter Labのインストール

Jupyter Labもpipコマンドを使ってインストールします。また、インストールしたJupyter Labは、コマンドプロンプトで起動させます。

Jupyter Labをインストールしたあと、起動と終了を試してみましょう。

Jupyter Labをインストールする

コマンドプロンプトで「pip install jupyterlab」と入力し、Enter を押します。

```
C:¥Users¥FOM出版>pip install jupyterlab
```
❶コマンドプロンプトで「pip install jupyterlab」と入力し、Enter を押す

インストールが進行します。インストールの途中では、メッセージが表示されていきます。インストールが完了すると、最後に「Successfully installed」と表示されます。

```
Using cached jupyterlab-4.1.1-py3-none-any.whl (11.4 MB)
Installing collected packages: jupyterlab
Successfully installed jupyterlab-4.1.1

C:¥Users¥FOM出版>
```
❷「Successfully installed」と表示されることを確認する

Jupyter Labの起動

Jupyter Labは、Webブラウザを使ってプログラムの入力や実行を行います。WebブラウザにJupyter Labの画面を表示するためには、コマンドプロンプトでJupyter Labのサーバを起動させます。また、Jupyter Labを終了するときは、WebブラウザでJupyter Labのサーバを停止させます。

まずは起動から試してみましょう。コマンドプロンプトで「jupyter lab」と入力し、Enter を押します。

```
C:\Users\FOM出版>jupyter lab
```
❶「jupyter lab」と入力し、 Enter を押す

Jupyter Labのサーバが起動するとWebブラウザが起動し、Jupyter Labの画面が表示されます。

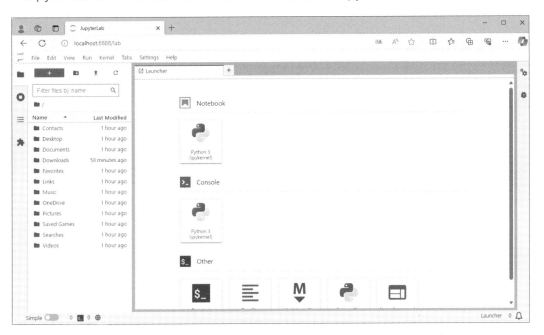

Reference

自動的にWebブラウザが起動しないときは

まれに、Jupyter Labのサーバが起動したにもかかわらず、自動的にWebブラウザが起動しない場合があります。そのときは、コマンドプロンプトに表示されているログから「copy and paste one of these URLs」というログを探し、その次の行にあるURLをコピーして、Webブラウザのアドレスバーに入力（ペースト）すると、Jupyter Labの画面を表示できます。

❶「copy and paste one of these URLs」の次の行にある
URLをコピーして、Webブラウザのアドレスバーに入力する

```
コマンドプロンプト - jupyter lab
kernels (twice to skip confirmat
[C 2024-04-05 16:34:15.174 Server

    To access the server, open this file in a browser:
        file:///C:/Users/FOM%E5%87%BA%E7%89%88/AppData/Roaming/jupyter/runtime/jpserver-5
716-open.html
    Or copy and paste one of these URLs:
        http://localhost:8888/lab?token=f7c59d947850d438e44b624f19819d5387950e251fbc6089
        http://127.0.0.1:8888/lab?token=f7c59d947850d438e44b624f19819d5387950e251fbc6089
[1 2024-04-05 16:34:15.271 ServerApp] Skipped non-installed server(s): bash-language-serv
er, dockerfile-language-server-nodejs, javascript-typescript-langserver, jedi-language-se
rver, julia-language-server, pyright, python-language-server, python-lsp-server, r-langua
geserver, sql-language-server, texlab, typescript-language-server, unified-language-serve
```

Jupyter Labの終了

Jupyter Labを終了する際は、《File》から《Shut Down》をクリックします。

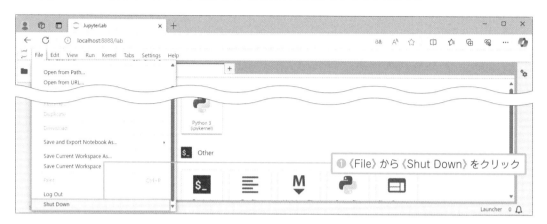

①《File》から《Shut Down》をクリック

終了するかを確認する画面が表示されるので、《Shut Down》をクリックします。クリックすると、Jupyter Labを終了したことを伝えるメッセージが表示されます。このメッセージを確認したあとに、Webブラウザ自体を右上の《×》などで閉じるようにしましょう。

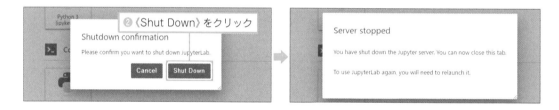

②《Shut Down》をクリック

また、コマンドプロンプトでも、終了したとメッセージが表示されます。再びJupyter Labを起動したい場合は、P.31の手順で起動させます。

```
[I 2024-02-19 18:48:51.296 ServerApp] Shutting down on /api/shutdown request.
[I 2024-02-19 18:48:51.297 ServerApp] Shutting down 4 extensions

C:¥Users¥FOM出版>
```

なお、Webブラウザから《Shut Down》を実行する代わりに、コマンドプロンプトで Ctrl + C を押して、Jupyter Labを終了させることもできます。

> Webブラウザ自体を右上の《×》などで閉じるだけだと、Jupyter Labのサーバは起動したままなんだ。必ず《Shut Down》か Ctrl + C でサーバを停止させるようにしよう。

2-3-2 ノートブックの作成

Jupyter Labではプログラムを記述するファイルのことを**ノートブック**と呼びます。Jupyter Labの画面構成を確認してから、新規のノートブックを作成してみましょう。P.31の手順でJupyter Labを起動してください。

Jupyter Labを起動すると次のような画面が表示されます。左側のサイドバーにはフォルダやファイルの一覧が表示されます。ノートブックの保存フォルダは、サイドバーから選択できます。ノートブックを開いていないときは、Launcherと呼ばれる画面が作業エリアに表示されます。ノートブックは、このLauncher画面から作成できます。

ノートブックの作成

それでは新規のノートブックを作ってみましょう。本書では、「Documents/FPT2306」というフォルダの中に、「02」「03」といった形式で章ごとにフォルダを分けてノートブックを管理します。まずは第2章のノートブックを作成するフォルダを開きます。

続いて、「Documents/FPT2306/02」フォルダにノートブックを作成します。

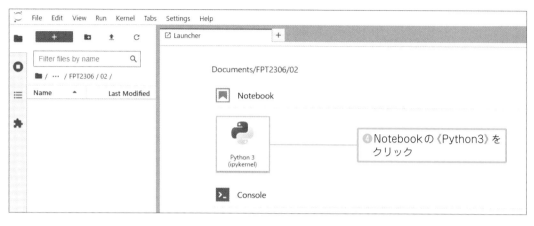

④Notebookの《Python3》を
クリック

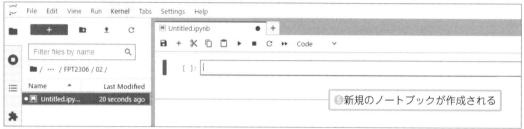

⑤新規のノートブックが作成される

ノートブックの名前変更

新規作成したノートブックの名前は、デフォルトの状態です。本書では、章ごとにノートブックを分けて使うため、名前を変更しておきましょう。また、ノートブックの拡張子は、「ipynb」という形式になります。ノートブックの名前を変更する際に、この拡張子は変更しないように注意してください。

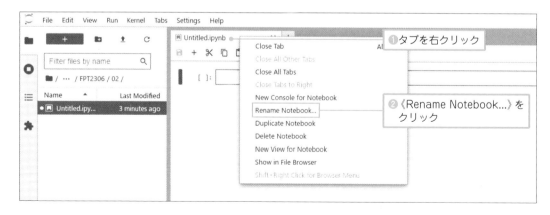

❶タブを右クリック

❷《Rename Notebook...》を
クリック

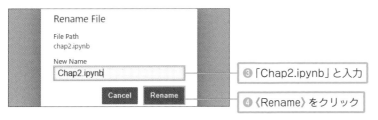

③「Chap2.ipynb」と入力

④《Rename》をクリック

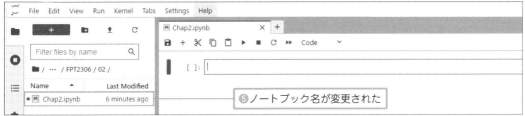

⑤ノートブック名が変更された

作成したノートブックは、サイドバーで選択したフォルダに保存されます。

分析したいテーマなどに合わせてノートブックを作成して、それを使い分けるといいよ。

Reference

ファイルの拡張子の表示

デフォルト状態のエクスプローラーは、ファイルの拡張子が表示されません。エクスプローラーからノートブックのファイル名（拡張子「ipynb」）を識別できるようにするため、拡張子を表示するように設定しておくとよいでしょう。

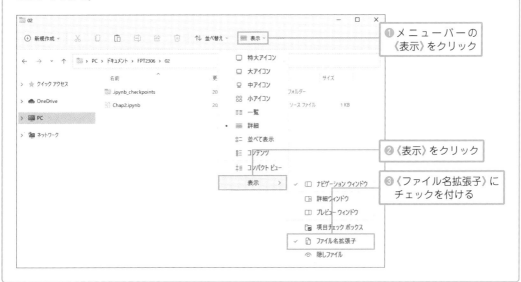

❶メニューバーの《表示》をクリック

❷《表示》をクリック

❸《ファイル名拡張子》にチェックを付ける

2-3-3 ノートブックの基本用語

　次に、ノートブックに関連する基本用語をおさえておきましょう。プログラムや説明文を記述するエリアを**セル**と呼びます。このセルには、プログラムを入力するための**コード**と、見出しや説明文などを入力する**マークダウン**の2種類があります。

　なお、右上の作業エリアにある「+」、または、左側のサイドバーの「+」をクリックすると、新規でLauncher画面が表示されます。

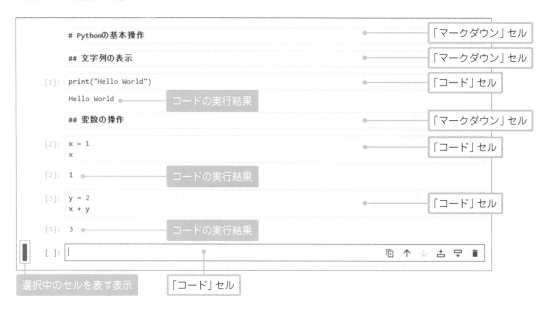

コード

　Pythonのプログラムを記述するためのセルで、セルの左側に [ ] が付きます。プログラムを処理（実行）すると [ ] の中に処理を行った順番を表す数値が入ります。また、括弧内が空欄（数値が入っていない状態）の場合はそのセルは未処理であることを表し、処理中の状態では*が入ります。コードのセルは、実行したいプログラムのまとまりに応じて区切ります。

マークダウン

　見出しや説明文などを書くためのセルです。マークダウンに記述した内容は、プログラムの処理対象にはなりません。コードのセルの直前で、見出しや説明文としてよく利用します。マークダウンのセルは、見出しや説明文など、内容のまとまりに応じて区切ります。

ノートブックの基本操作

ノートブックの操作には、「コマンドモード」と「入力モード」の2種類があります。操作時の目的に応じて、モードを切り替えながら作業を行いましょう。「コマンドモード」で Enter を押す（またはセル内をクリックする）と「入力モード」に切り替わり、「入力モード」で Esc を押すと「コマンドモード」に切り替わります。

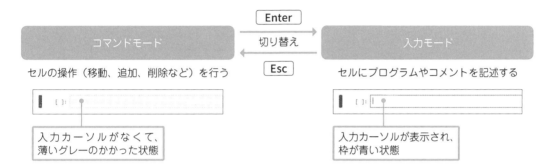

「コマンドモード」では、ショートカットキーでセルを操作することができます。コマンドモードでよく使うショートカットキーは、次のとおりです。特に、セルの種類を変更する m と y はよく使うので覚えておきましょう。

コマンドモードでよく使うショートカットキー

ショートカットキー	操作
↑	上のセルに移動する
↓	下のセルに移動する
a	上にセルを挿入する
b	下にセルを挿入する
m	マークダウンのセルに変更する

ショートカットキー	操作
y	コードのセルに変更する
c	セルをコピーする
x	セルを切り取る
v	セルを貼り付ける
d を2回押す	セルを削除する

プログラムの実行は、コマンドモードと入力モードのどちらのモードでも、共通のショートカットキーで行えます。コマンドモードと入力モードの共通のショートカットキーは、次のとおりです。

共通のショートカットキー

ショートカットキー	操作
Ctrl + Enter	セルのプログラムを実行する
Shift + Enter	セルのプログラムを実行し、下のセルに移動する

ノートブックの操作練習

　それでは、ノートブックに見出しやプログラムを入力して、使い方を学びましょう。

　セルの初期状態は「コード」です。見出しを入力するためには、「マークダウン」に変更する必要があります。選択中のセルにカーソルが表示されていない「コマンドモード」の場合は、m を押すと「マークダウン」に変更できます。または、作業エリアのプルダウン（ Code ∨ ）から「Markdown」を選んで、セルを「マークダウン」に変更することも可能です。

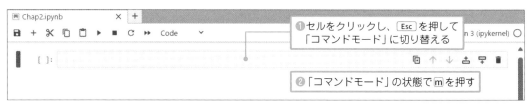

　続いて、「マークダウン」のセルに見出しを入力し、実行してみましょう。

　マークダウンのセルで行頭に「#」を付けると、見出しとして扱われます。そのため、実行すると設定したランクに応じた文字の大きさになります。

　次にセルを追加してみましょう。Ctrl + Enter を押したことで「コマンドモード」に切り替わるため、b を押すと下にセルが追加されます。なお、作業エリア上部にある「＋」でもセルを追加できます。

2つ目のセルには、プログラムを入力します。 Enter を押して「入力モード」に切り替え、入力したあと Ctrl + Enter でプログラムを実行してみましょう。

⑩ Enter を押して「入力モード」に切り替える

⑪「print("Hello World")」と入力

⑫ Ctrl + Enter を押す

⑬ 実行結果が表示される

最後に、ノートブックの内容を保存します。ノートブックはデフォルト設定で120秒に1回、自動的に保存される設定になっています。作業エリアの上部の ⊟ をクリックするか、 Ctrl + S を押すと保存できます。

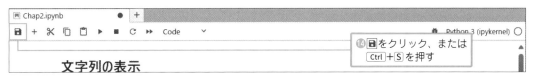

⑭ ⊟ をクリック、または Ctrl + S を押す

⑮ 変更が保存されると「●」が「×」に変わる

保存されたことが確認できたあと、ノートブックを終了させましょう。メニューバーの《File》から《Close and Shut Down Notebook》をクリックしてください。

⑯《File》をクリック

⑰《Close and Shut Down Notebook》をクリック

確認画面で《OK》をクリックすると、ノートブックが閉じられます。ノートブックを閉じると、Launcher画面が表示されます。

Shut down the notebook?

Are you sure you want to close "Chap2.ipynb"?

Cancel　Ok

⓲《OK》をクリック

　ノートブックを編集したあとに、Jupyter Labを終了させる場合は、この手順でノートブックを閉じたあとに、P.32の手順でJupyter Labを終了させてください。

　なお、閉じたノートブックは、サイドバーでノートブック名をダブルクリックすると、再び開くことができます。

ショートカットキーを使った操作がマスターできれば、効率よくプログラムの入力と実行を行えるよ。

マークダウンで見出しを設定する

マークダウンで頭に「#」が付いた行は、HTMLのh1～h6タグのように、見出しとして扱われます。マークダウンを実行すると、見出しの文字の大きさを確認できます。ノートブックの中で、項目を分けたいときなど、見出しを使って区切ると見やすくなります。見出しの文字の大きさのレベルは6段階あり、「#」の数によってレベルが変わります。例えば、「#」はレベル1、「###」はレベル3となります。

なお、保存したノートブックを読み込むと、マークダウンは自動的に実行された状態で表示されます。

```
# 見出し1
## 見出し2
### 見出し3
#### 見出し4
##### 見出し5
###### 見出し6
```

実行結果

見出し1

見出し2

見出し3

見出し4

見出し5

見出し6

第 **3** 章

データの
数値計算を行う

3-1 NumPyの概要

NumPyは、Pythonでデータ分析を行うために必須の外部ライブラリです。
ここでは、なぜNumPyが必須なのかを学びましょう。

 ## NumPyとは

NumPyは、数値計算を行うためのライブラリで、データを高速、かつ効率的に処理するための機能がまとまっています。データ分析に使うデータは、ほとんどの場合、多次元配列として保持されています。例えば、顧客の連絡先、商品の売上といった情報は、多次元配列です。

顧客情報

顧客ID	意味	性別	年齢	メールアドレス
100001	山中大輔	男	42	yamanaka@example.com
100002	飯田さくら	女	31	ida@example.co.jp
100003	川上洋子	男	48	kawakami@example.ne.jp
⋮	⋮	⋮	⋮	⋮

NumPyには、多次元配列を扱うためのnumpy.ndarrayというモジュールが用意されており、データ分析に広く利用されています。また、Pandasやsikit-learnなどのライブラリでも、内部でNumPyが使われています。

なお、numpy.ndarrayはNumPy配列と呼ばれています。

数値計算用ライブラリ

内部で使用

ファイルの読み書きと表の操作を行うライブラリ

機械学習用のライブラリ

Pandasやsikit-learnを使うためにも、NumPyの知識が必要なんだ。

3-1-2 NumPyとPython標準機能の違い

Pythonそのものでも多次元配列（多次元リスト）を扱えますが、NumPyの方が圧倒的に処理速度が速いです。

　プログラミング言語は、大きく静的言語と動的言語に分けられます。**静的言語**は、C言語やJavaなどです。これらの言語は変数を作る際、変数に入れるデータ型（データの種類）を指定する必要があります。処理するデータ型を事前に指定することで、処理速度を上げられるものの、変数を作るたびにデータ型を指定するのは手間がかかります。対して**動的言語**は、PythonやPHPなどで、変数を作る際にデータ型を指定する必要はありません。プログラムの記述量は静的言語より少ないものの、処理速度は静的言語より遅いです。

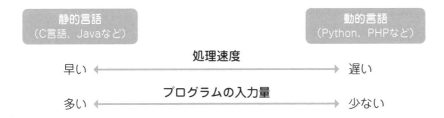

　そこで、Pythonでも高速に処理できるようにと作られたのがNumPyです。膨大な量のデータを分析する場合、Python標準のリストにデータを入れて処理したときと、NumPy配列にデータを入れて処理したときでは、後者の方が処理が早く効率的です。

　本書のテスト環境で、数値データを100万件用意してリストに格納し、その要素数が100万個あるリストの平均値を求める処理を実行したところ、NumPyを使って処理を行った方が5倍以上早いという結果になりました。

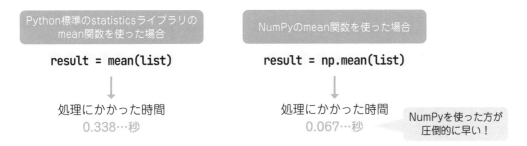

　Pythonでデータ分析を行うためには、NumPyは欠かせない存在です。データ分析を行う前に、NumPyの使い方から学習していきましょう。

3-2 NumPy 配列の基礎

　この節では、NumPy 配列の作り方や、NumPy 配列を扱うための基礎知識について説明していきます。NumPy 配列を理解し、データ分析の第一歩を踏み出しましょう。

3-2-1 numpy.ndarray の作成

　NumPy 配列と呼ばれている numpy.ndarray を作成する方法から学んでいきましょう。numpy.ndarray を作るためには、**numpy.array 関数**を使用します。本書では、NumPy をインポートする際に「np」とエイリアスを付けるため、numpy.array 関数は **np.array** で呼び出せます。以降も、numpy は「np」と表記します。

numpy.ndarray の作成

Python 標準のリストまたはタプルを引数にして、np.array 関数を呼び出します。NumPy 配列の要素のデータ型を指定したい場合は、キーワード引数の dtype でデータ型を指定します。

構文	変数名 = np.array(多次元リスト [,dtype= データ型])

例：変数 np_li に、リスト「[1, 2, 3], [4, 5, 6]」を NumPy 配列に変換して代入する。

```
np_li = np.array([[1, 2, 3], [4, 5, 6]])
```

　np.array 関数を呼び出すと、戻り値として NumPy 配列が得られます。戻り値の NumPy 配列を変数に代入して、NumPy 配列の操作を行います。

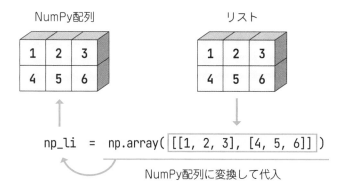

NumPy配列の場合、要素のデータ型を統一する必要があります。もし、リストの要素のデータ型が異なるものをnp.array関数の引数に指定すると、自動的に要素のデータ型が変換されてしまいます。なお、Python標準のリストの場合は、異なる要素のデータ型を格納することができます。

np.array関数で、引数dtypeを使う方法は、P.48で説明するよ。

実践してみよう

はじめにNumPyのインポートを行います。インポートしたあと、NumPyが使用できるようになります。

構文の使用例

プログラム：3-2-1_1

```
01  import numpy as np
```

解説

01 numpyモジュールにnpと別名を付けてインポートする。

実行結果

```
[1]:  import numpy as np
```

Ctrl + Enter または Shift + Enter を押して実行します。実行すると、セルの下には何も表示されず、セルの横にある [ ] 内に実行したことを表す数字が表示されます。その状態で、以降のプログラムを実行してください。

プログラム：3-2-1_2

```
01  num_li1 = [[10, 20, 30], [40, 50, 60]]
02  print(num_li1)
03  print(type(num_li1))
04  np_num_li1 = np.array(num_li1)
05  print(np_num_li1)
06  print(type(np_num_li1))
```

解説

01 変数num_li1に、リスト「[10, 20, 30], [40, 50, 60]」を要素とする2次元リストを代入する。

02 変数num_li1の要素をすべて表示する。

03 変数num_li1のデータ型を表示する。

04 変数np_num_li1に、変数num_li1の要素をNumPy配列に変換して代入する。
05 変数np_num_li1の要素をすべて表示する。
06 変数np_num_li1のデータ型を表示する。

実行結果

```
[[10, 20, 30], [40, 50, 60]]
<class 'list'>
[[10 20 30]
 [40 50 60]]
<class 'numpy.ndarray'>
```

1行目でPython標準のリストを作り、2行目ではリストの中身を表示し、3行目ではリストのデータ型を表示しています。さらに、4行目でPython標準のリストの内容（変数num_li1の値）を元に、np.array関数でNumPy配列を作ります。そして、5行目でNumPy配列の中身を表示し、6行目ではNumPy配列のデータ型を表示しています。

 ## よく起きるエラー ･･･

リストの要素のデータ型が統一されていない場合、np.array関数の引数に指定すると、自動的にデータ型が変換されます。実行することはできますが、自動的にデータ型が変換されるため、意図しない結果になります。

実行結果

```
[[10, '20', 30], [40, 50, 60]]
<class 'list'>
[['10' '20' '30']
 ['40' '50' '60']]          ┐──────┐  自動的にすべて文字型に
<class 'numpy.ndarray'>      ┘      │  変換されている
```

- **エラーの発生場所**：1行目「num_li1 = [[10, "20", 30], [40, 50, 60]]」
- **エラーの意味**　　　：要素がすべて文字列になっている。

プログラム：3-2-1_2_e1

```
01 num_li1 = [[10, "20", 30], [40, 50, 60]]  ─────1つだけ文字列の要素がある
02 print(num_li1)
03 print(type(num_li1))
04 np_num_li1 = np.array(num_li1)
05 print(np_num_li1)
06 print(type(np_num_li1))
```

- **対処方法：引数に指定するリストの要素は、データ型を統一しておく必要がある。文字列だけのリスト、数値だけのリストといった形で、複数のリストに分けたうえでNumPy配列を作ることが望ましい。**

Python標準のリストの場合、要素のデータ型が統一されていないことがあるから注意しよう。NumPy配列に変換する前にチェックしておこうね。

Reference

タプルを使ってNumPy配列を作成する例

NumPyには戻り値がタプルの関数やメソッドがあることから、タプルをnp.array関数の引数にしてNumPy配列を作ることもできます。ここでは、タプルを使ってNumPy配列を作ってみましょう。

プログラム：3-2-1_r1

```
01  num_tp1 = (((10, 20, 30), (40, 50, 60)))
02  print(num_tp1)
03  print(type(num_tp1))
04  np_num_tp1 = np.array(num_tp1)
05  print(np_num_tp1)
06  print(type(np_num_tp1))
```

実行結果

```
((10, 20, 30), (40, 50, 60))
<class 'tuple'>
[[10 20 30]
 [40 50 60]]
<class 'numpy.ndarray'>
```

Reference

tolistメソッド

NumPy配列から、tolistメソッドでPython標準のリストに変換することができます。

プログラム：3-2-1_r2

```
01  num_li1r = np_num_li1.tolist()
02  print(num_li1r)
03  print(type(num_li1r))
```

実行結果

```
[[10, 20, 30], [40, 50, 60]]
<class 'list'>
```

3-2-2 NumPyのデータ型

　NumPy配列の処理速度が速い理由として、要素のデータ型が統一される点にあります。データ型を統一することで、メモリの使用量を抑えることができるため、処理速度が速くなります。

　np.array関数でNumPy配列を作る際、引数dtypeで要素のデータ型を指定できます。指定しなかった場合、NumPyが引数で指定されたデータ内容を元に、データ型を自動的に指定します。引数の要素よりも大きな値を扱いたい場合など、データ型を明示的に指定するようにしましょう。代表的なデータ型は次のとおりです。

NumPyの代表的なデータ型

データ型	意味	値の例
int#	#ビットの整数、#には16、32、64などが入る	2024、4、15
float#	#ビットの浮動小数点数、#には16、32、64などが入る	23.8、0.045
bool	真偽値（ブール値）	True、False
string_	固定長の文字列	"FOM出版"、"こんにちは"
object	Pythonオブジェクト（インスタンス）	

　「#」部分の数値を省略した場合、「int」は「int32」、「float」は「float64」として扱われます。

実践してみよう

要素のデータ型を指定して、NumPy配列を作成してみましょう。

構文の使用例

プログラム：3-2-2

```
01  num_li2 = [[10, 20, 30], [40, 50, 60]]
02  print(num_li2)
03  print(type(num_li2))
04  np_num_li2 = np.array(num_li2, dtype="int16")
05  print(np_num_li2)
06  print(type(np_num_li2))
07  print(np_num_li2.dtype)
```

解説

01	変数num_li2に、リスト「[10, 20, 30], [40, 50, 60]」を要素とする2次元リストを代入する。
02	変数num_li2の要素をすべて表示する。
03	変数num_li2のデータ型を表示する。
04	変数np_num_li2に、変数num_li2の要素のデータ型を「int16」に指定し、NumPy配列に変換して代入する。
05	変数np_num_li2の要素をすべて表示する。
06	変数np_num_li2のデータ型を表示する。
07	変数np_num_li2の要素のデータ型を表示する。

実行結果

```
[[10, 20, 30], [40, 50, 60]]
<class 'list'>
[[10 20 30]
 [40 50 60]]
<class 'numpy.ndarray'>
int16
```

np.array関数の引数dtypeに「int16」を指定することで、16ビットで表せる整数をNumPy配列の要素にできます。なお、変数num_li2の要素は整数なので、引数dtypeを省略した場合は自動的にint32型になります。

 よく起きるエラー ·······························

指定したデータ型で扱える範囲を超えた数値を入れようとすると、エラーになります。

実行結果

```
[[10, 20, 32768], [40, 50, 60]]
<class 'list'>
[[    10    20 -32768]
 [    40    50    60]]
<class 'numpy.ndarray'>
int16
C:\Users\FOM出版\AppData\Local\Temp\ipykernel_7852\1358410146.py:4: DeprecationWarning: NumPy will stop allowing conversion of out-of-bound Python integers to integer arrays.  The conversion of 32768 to int16 will fail in the future.
For the old behavior, usually:
    np.array(value).astype(dtype)
will give the desired result (the cast overflows).
  np_num_li2 = np.array(num_li2, dtype="int16")
```

- **エラーの発生場所：4行目「dtype="int16"」**
- **エラーの意味　　：32768がint16に変換できない。**

```
01  num_li2 = [[10, 20, 32768], [40, 50, 60]]
02  print(num_li2)
03  print(type(num_li2))
04  np_num_li2 = np.array(num_li2, dtype="int16")  ———— データ型が小さい
05  print(np_num_li2)
06  print(type(np_num_li2))
07  print(np_num_li2.dtype)
```

● **対処方法：4行目の「int16」を「int32」に修正する。**

　データ型「int16」で表せる数値の範囲は、16ビット整数なので-32768から32767です。32768は「int16」の範囲外になるため、「int16」で扱うことができずエラーになります。-32768から32767の範囲外の数値を扱いたい場合は、「int32」や「int64」などを指定する必要があります。

> データ型を指定するときは、要素の値と一致しているかに気を付けよう。

3-2-3　NumPy配列の属性

　NumPy配列は、numpy.ndarrayクラス（モジュール）のオブジェクト（インスタンス）です。NumPy配列のオブジェクトは、dtypeやshapeといったインスタンス変数（属性）を持っています。インスタンス変数の値は、「NumPy配列.インスタンス変数」で取得できます。NumPy配列の代表的なインスタンス変数は、次のとおりです。

NumPy配列のインスタンス変数

インスタンス変数	概要
dtype	NumPy配列に格納されている要素のデータ型
size	NumPy配列に格納されている要素の数
nbytes	NumPy配列のバイト単位のメモリ消費量
ndim	NumPy配列の次元数　例：1次元、2次元
shape	NumPy配列の形状をタプルで表す。　例：(2, 3)は2行3列という意味

実践してみよう

　NumPy配列が格納された変数np_num_li1と変数np_num_li2を流用して、インスタンス変数にアクセスしてみましょう。行数が多いので、コードのセルを2つに分けて実行してみます。

構文の使用例

プログラム：3-2-3_1

```
01  print(np_num_li1)
02  print(type(np_num_li1))
03  print(np_num_li2)
04  print(type(np_num_li2))
05  print(np_num_li1.dtype)
06  print(np_num_li2.dtype)
07  print(np_num_li1.size)
08  print(np_num_li2.size)
```

解説

01　変数np_num_li1の要素をすべて表示する。

02　変数np_num_li1のデータ型を表示する。

03　変数np_num_li2の要素をすべて表示する。

04　変数np_num_li2のデータ型を表示する。

05　変数np_num_li1の要素のデータ型を表示する。

06　変数np_num_li2の要素のデータ型を表示する。

07　変数np_num_li1の要素の数を表示する。

08　変数np_num_li2の要素の数を表示する。

実行結果

```
[[10 20 30]
 [40 50 60]]
<class 'numpy.ndarray'>
[[10 20 30]
 [40 50 60]]
<class 'numpy.ndarray'>
int32
int16
6
6
```

```
01  print(np_num_li1.nbytes)
02  print(np_num_li2.nbytes)
03  print(np_num_li1.ndim)
04  print(np_num_li2.ndim)
05  print(np_num_li1.shape)
06  print(np_num_li2.shape)
```

解説

01	変数np_num_li1のバイト単位のメモリ消費量を表示する。
02	変数np_num_li2のバイト単位のメモリ消費量を表示する。
03	変数np_num_li1の次元数を表示する。
04	変数np_num_li2の次元数を表示する。
05	変数np_num_li1の形状を表示する。
06	変数np_num_li2の形状を表示する。

実行結果

```
24
12
2
2
(2, 3)
(2, 3)
```

結果を整理してみましょう。

変数np_num_li1

dtype : int32
size : 6
nbytes : 24
ndim : 2
shape : (2, 3)

| 10 | 20 | 30 |
| 40 | 50 | 60 |

変数np_num_li2

dtype : int16
size : 6
nbytes : 12
ndim : 2
shape : (2, 3)

| 10 | 20 | 30 |
| 40 | 50 | 60 |

size、ndim、shapeはどちらも同じですが、dtypeとnbytesが異なっています。nbytesは扱うデータ型や要素の数によって変わります。つまり、int16型よりint32型の方が、必要とするメモリ消費量が多いことがわかります。

これらのインスタンス変数の中でも、shapeはよく使います。データ分析の前処理としてデータを加工する際、あらかじめNumPy配列の形状を把握しておかないと、正しいプログラムを記述できないためです。また、処理を行ったあとに、shapeで変更後の形状を確認することもあります。

> データ分析では、扱うデータのデータ型や形状などを意識しておく必要があるよ。

Reference

NumPy配列の要素を取得する

Python標準のリストから要素を取り出すのと同じように、NumPy配列もインデックスを指定して要素を取得できます。また「NumPy配列 [開始位置のインデックス：終了値のインデックス]」という形式のスライスによる指定も可能です。

プログラム：3-2-3_r1

```
01  print(np_num_li1[0, 1])          1行目の2番目の要素を表示
02  print(np_num_li1[0, 2])          1行目の3番目の要素を表示
03  print(np_num_li1[1, 2])          2行目の3番目の要素を表示
04  print(np_num_li1[1, 1:3])        2行目の2～3番目の要素を表示
05  print(np_num_li1[0, :2])         1行目の1～2番目の要素を表示
06  print(np_num_li1[1, :])          2行目のすべての要素を表示
07  print(np_num_li1[:, 1])          すべての行の2番目の要素を表示
08  print(np_num_li1[0])             1行目のすべての要素を表示
09  print(np_num_li1[1])             2行目のすべての要素を表示
```

実行結果

```
20
30
60
[50 60]
[10 20]
[40 50 60]
[20 50]
[10 20 30]
[40 50 60]
```

NumPy配列には、要素を並べ変えたり、要素を追加したりと、様々な操作を行える機能が備わっています。データ分析を行うための準備に欠かせない操作ですので、1つずつ学んでいきましょう。

3-3-1 NumPy配列の形状を変える

　データ分析を行う際、関数によっては分析に使うデータの形状が決められているものがあります。NumPy配列の形状は、インスタンス変数shapeで確認できますが、この値を直接変更することができません。そこで、**np.reshape関数**または**reshapeメソッド**を使って、形状を変えたNumPy配列を作成します。

NumPy配列の形状を変える

NumPy配列の形状を変える方法は2つあります。1つはnp.reshape関数を呼び出す方法で、第1引数には形状を変換したいNumPy配列、第2引数に形状をタプルで指定します。また、2つ目はNumPy配列のインスタンスメソッドを呼び出す方法です。引数は変換後の形状のみを指定します。どちらの呼び出し方でも、戻り値で形状を変換したNumPy配列が得られます。

構文	NumPy 配列 = np.reshape(NumPy 配列 , 変換後の形状) または NumPy 配列 = NumPy 配列 .reshape(変換後の形状)

例：変数np_new_liに、変数np_liの形状を3行2列に変換して代入する。

```
np_new_li = np.reshape(np_li, (3, 2))
```

例：変数np_new_liに、変数np_liの形状を3行2列に変換して代入する。

```
np_new_li = np_li.reshape((3, 2))
```

　例えば、変数np_liの要素が[[10, 20, 30], [40, 50, 60]]だった場合、次のように形状を変換できます。

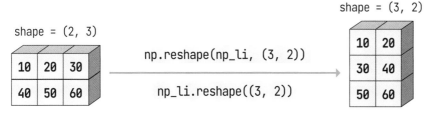

shape = (2, 3)

np.reshape(np_li, (3, 2))

np_li.reshape((3, 2))

shape = (3, 2)

NumPy配列の変数np_li

NumPy配列の変数np_new_li

形状を変更するときは、要素数がいくつあるのかを注意しましょう。変数np_liの要素数は6なので、要素数が6になる形状であれば変換できます。要素数が6にならない形状を指定すると、エラーになります。

実践してみよう

次の例は、新しくNumPy配列を作成し、NumPyの関数と、NumPy配列のインスタンスメソッドの両方を使って、形状を変換した結果を表示しています。

構文の使用例

プログラム：3-3-1_1

```
01  np_num_li3 = np.array([[1, 2, 3, 4, 5, 6], [7, 8, 9, 10, 11, 12]])
02  print(np_num_li3)
03  print("形状：", np_num_li3.shape)
```

解説

01 変数np_num_li3に、リスト「[1, 2, 3, 4, 5, 6], [7, 8, 9, 10, 11, 12]」をNumPy配列に変換して代入する。

02 変数np_num_li3の要素をすべて表示する。

03 文字列「形状：」と変数np_num_li3の形状を連結して表示する。

実行結果

```
[[ 1  2  3  4  5  6]
 [ 7  8  9 10 11 12]]
形状： (2, 6)
```

プログラム：3-3-1_2

```
01  np_reshape_a = np.reshape(np_num_li3, (3, 4))  ———— NumPyの関数を利用
02  print(np_reshape_a)
03  print("np_reshape_aの形状：", np_reshape_a.shape)
```

```
04  np_reshape_b = np_num_li3.reshape((3, 4))          NumPy配列のインスタンスメソッドを利用
05  print(np_reshape_b)
06  print("np_reshape_bの形状：", np_reshape_b.shape)
```

解説

01 変数np_reshape_aに、変数np_num_li3の形状を3行4列に変換して代入する。

02 変数np_reshape_aの要素をすべて表示する。

03 文字列「np_reshape_aの形状：」と変数np_reshape_aの形状を連結して表示する。

04 変数np_reshape_bに、変数np_num_li3の形状を3行4列に変換して代入する。

05 変数np_reshape_bの要素をすべて表示する。

06 文字列「np_reshape_bの形状：」と変数np_reshape_bの形状を連結して表示する。

実行結果

```
[[ 1  2  3  4]
 [ 5  6  7  8]
 [ 9 10 11 12]]
np_reshape_aの形状： (3, 4)
[[ 1  2  3  4]
 [ 5  6  7  8]
 [ 9 10 11 12]]
np_reshape_bの形状： (3, 4)
```

　形状に(3, 4)を指定しているので、3行4列に変換されます。また、NumPyの関数とNumPy配列のインスタンスメソッドのどちらでも、同じ結果が得られたことがわかります。

 よく起きるエラー

　変換できない形状を指定すると、エラーになります。

実行結果

```
---------------------------------------------------------------------------
ValueError                                Traceback (most recent call last)
Cell In[7], line 1
----> 1 np_reshape_a = np.reshape(np_num_li3, (3, 5))
      2 print(np_reshape_a)
      3 print("np_reshape_aの形状：", np_reshape_a.shape)



     66     # Call _wrapit from within the except clause to ensure a potential
     67     # exception has a traceback chain.
     68     return _wrapit(obj, method, *args, **kwds)

ValueError: cannot reshape array of size 12 into shape (3,5)
```

- **エラーの発生場所**：1行目「np.reshape(np_num_li3, (3, 5))」
- **エラーの意味**　　：要素数が12の配列を、形状(3, 5)に変換できない。

```
01  np_reshape_a = np.reshape(np_num_li3, (3, 5))          誤った形状を指定している
02  print(np_reshape_a)
03  print("np_reshape_aの形状：", np_reshape_a.shape)
04  np_reshape_b = np_num_li3.reshape((3, 4))
05  print(np_reshape_b)
06  print("np_reshape_bの形状：", np_reshape_b.shape)
```

● 対処方法：要素数と形状の計算が「12」に合うように、「(3, 4)」「(6, 2)」などに修正する。

形状で「-1」を指定する

reshapeメソッドの引数に指定する形状は、「(n, -1)」のように「-1」を指定できます。「-1」を指定した場合、次元は元の要素数から自動的に計算されます。

次のプログラムでは、形状に「(4, -1)」を指定しています。変数np_num_li3の要素数は12なので、「-1」の次元は12÷4で3となります。つまり、4行3列という形状に変換されます。

プログラム：3-3-1_3

```
01  np_reshape_c = np.reshape(np_num_li3, (4, -1))
02  print(np_reshape_c)
03  print("np_reshape_cの形状：", np_reshape_c.shape)
```

解説

```
01  変数np_reshape_cに、変数np_num_li3の形状を4行と、自動的に計算した列に変換して代入する。
02  変数np_reshape_cの要素をすべて表示する。
03  文字列「np_reshape_cの形状：」と変数np_reshape_cの形状を連結して表示する。
```

実行結果

```
[[ 1  2  3]
 [ 4  5  6]
 [ 7  8  9]
 [10 11 12]]
np_reshape_cの形状：(4, 3)
```

要素数が多いときは、2次元配列のうち、行か列の形状の一方を指定して、もう一方は「-1」を指定するといいよ。自動的に計算してくれるから、形状指定のミスを減らせるんだ。

データの数値計算を行う

3

3-3-2 NumPy配列に要素を追加する

Pythonの標準リストに要素を追加する際はappendメソッドを使うように、NumPy配列も**np.append関数**で要素を追加できます。また、np.append関数では、要素を追加する軸を指定できます。

NumPy配列に要素を追加

np.append関数で要素を追加します。第1引数はNumPy配列、第2引数は追加する要素、そしてキーワード引数のaxisには、追加する軸の方向を指定します。

> **構文** NumPy配列 = np.append(NumPy配列, 追加する要素 [, axis= 追加する軸の方向])

例：変数np_new_liに、変数np_liの形状を崩して要素の末尾に[50, 60]を追加したNumPy配列を代入する。

```
np_new_li = np.append(np_li, [[50, 60]])
```

例：変数np_new_liに、変数np_liの要素の縦方向に[50, 60]を追加したNumPy配列を代入する。

```
np_new_li = np.append(np_li, [[50, 60]], axis=0)
```

例に挙げた変数np_liの要素が「[10, 20], [30, 40]」の場合、np.append関数を呼び出すと、次のような結果が得られます。

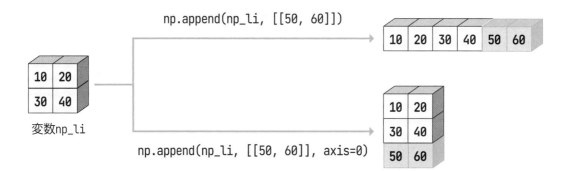

引数axisを省略した場合、元の形状が崩されて（破壊されて）、1次元配列の状態で末尾に要素が追加されます。なお、引数axisに0を指定した場合は、新たな行として追加されます。

NumPy配列の軸の方向を表す**axis**は、形状によって方向が異なります。1次元配列の場合、「axis=0」は横（列）の方向を表します。2次元配列の場合、「axis=0」は縦方向（行）、「axis=1」は横方向（列）を表します。

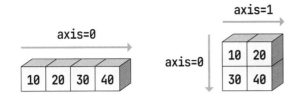

axis=0

10 20 30 40

axis=0 axis=1

10 20
30 40

指定する軸を間違えると、意図せぬ結果になったり、エラーになったりするから気を付けよう。

実践してみよう

変数np_num_li4にNumPy配列を代入し、要素を追加してみます。

構文の使用例

プログラム：3-3-2_1

```
01 np_num_li4 = np.array([[1, 2, 3], [4, 5, 6]])
02 print(np_num_li4)
03 print("形状：", np_num_li4.shape)
```

解説

01 変数np_num_li4に、リスト「[1, 2, 3], [4, 5, 6]」をNumPy配列に変換して代入する。

02 変数np_num_li4の要素をすべて表示する。

03 文字列「形状：」と変数np_num_li4の形状を連結して表示する。

実行結果

```
[[1 2 3]
 [4 5 6]]
形状： (2, 3)
```

プログラム：3-3-2_2

```
01 np_append_a = np.append(np_num_li4, [[7, 8, 9]])
02 print(np_append_a)
03 print("np_append_aの形状：", np_append_a.shape)
04 np_append_b = np.append(np_num_li4, [[7, 8, 9]], axis=0)
05 print(np_append_b)
06 print("np_append_bの形状：", np_append_b.shape)
```

01 変数np_append_aに、変数np_num_li4の形状を崩して要素の末尾に[7, 8, 9]を追加したNumPy配列を代入する。

02 変数np_append_aの要素をすべて表示する。

03 文字列「np_append_aの形状：」と変数np_append_aの形状を連結して表示する。

04 変数np_append_bに、変数np_num_li4の要素の縦方向に[7, 8, 9]を追加したNumPy配列を代入する。

05 変数np_append_bの要素をすべて表示する。

06 文字列「np_append_bの形状：」と変数np_append_bの形状を連結して表示する。

実行結果

```
[1 2 3 4 5 6 7 8 9]
np_append_aの形状： (9,)
[[1 2 3]
 [4 5 6]
 [7 8 9]]
np_append_bの形状： (3, 3)
```

変数np_num_li4の形状は(2, 3)ですが、引数axisを省略しているので、変数np_append_aは1次元のNumPy配列(「(9,)」は9個の要素が1次元であることを示す)になります。これに対して変数np_append_bは、引数axisに「0」を指定しているので、新しい行として縦方向に追加され、形状が(3, 3)になります。

 ## よく起きるエラー ・・・・・・・・・・・・・・・・・・・・・・・・・・・・・・・・・・

追加する軸方向の要素数の指定が間違っている場合は、エラーになります。

実行結果

```
[1 2 3 4 5 6 7 8 9]
np_append_aの形状： (9,)
----------------------------------------------------------------
ValueError                         Traceback (most recent call last)
Cell In[17], line 4
      2 print(np_append_a)
      3 print("np_append_aの形状： ", np_append_a.shape)
----> 4 np_append_b = np.append(np_num_li4, [[7, 8]], axis=0)
      5 print(np_append_b)
      6 print("np_append_bの形状： ", np_append_b.shape)

File ~\AppData\Local\Programs\Python\Python312\Lib\site-packages\numpy\lib\function_base.py:5618, in append(arr, values, axis)
   5616     values = ravel(values)
   5617     axis = arr.ndim-1
-> 5618 return concatenate((arr, values), axis=axis)

ValueError: all the input array dimensions except for the concatenation axis must match exactly, but along dimension 1, the array at index 0 has size 3 and the array at index 1 has size 2
```

● **エラーの発生場所**：1行目「np.append(np_num_li4, [[7, 8]], axis=0)」

● **エラーの意味**　　：軸方向に追加する要素の数が一致していない。

```
    ⋮
04  np_append_b = np.append(np_num_li4, [[7, 8]], axis=0)  ──── 正しい要素数が指定されていない
05  print(np_append_b)
06  print("np_append_bの形状：", np_append_b.shape)
```

● **対処方法：[[7, 8, 9]] など、追加する要素数が3になるようにする。**

　変数np_num_li4の形状は(2, 3)なので、新しい行として追加するためには、横3列に一致させる必要があります。

3-3-3　様々なNumPy配列を作成する

　あらかじめ、データの入れ物だけを用意しておきたいという場面があります。そのような場面で、形状だけを指定して、NumPy配列を作る仕組みが用意されています。

様々なNumPy配列を作成する

np.zeros関数は要素をすべて数値「0」で初期化したNumPy配列、np.ones関数は要素をすべて数値「1」で初期化したNumPy配列を作成します。これに対してnp.empty関数は、要素の初期化を行わずにNumPy配列を作成します。いずれの関数も、第1引数はタプル型で形状を指定し、引数dtypeで要素のデータ型を指定します。なお、引数dtypeは省略することも可能です。省略した場合のデータ型は「float64」になります。

構文	np.zeros(形状 [, dtype= 要素のデータ型]) np.ones(形状 [, dtype= 要素のデータ型]) np.empty(形状 [, dtype= 要素のデータ型])

例： 変数np_zeros_liに、形状が2行3列で、値が数値「0」で初期化されたNumPy配列を代入する。

```
np_zeros_li = np.zeros((2, 3))
```

例： 変数np_ones_liに、形状が2行3列で、値が数値「1」で初期化されたNumPy配列を代入する。

```
np_ones_li = np.ones((2, 3))
```

例： 変数np_empty_liに、形状が2行3列で、値が初期化されていないNumPy配列を代入する。

```
np_empty_li = np.empty((2, 3))
```

例のプログラムでは、次のようなNumPy配列が作成されます。

np.zeros((2, 3))　　　　np.ones((2, 3))　　　　np.empty((2, 3))

　　np.empty関数は、要素の値を初期化しないため、必ずしも値が0になるわけではない点に注意してください。初期化処理がないため、np.zeros関数とnp.ones関数より、NumPy配列の作成速度の速い点がメリットです。

> 場合に応じて、NumPy配列の作成に使う関数を使い分けよう。

👍 実践してみよう

実際に様々なNumPy配列を作成してみましょう。

📋 構文の使用例

プログラム：3-3-3

```
01  np_zeros_li = np.zeros((2, 3))
02  print(np_zeros_li)
03  np_ones_li = np.ones((2, 3))
04  print(np_ones_li)
05  np_empty_li = np.empty((2, 3))
06  print(np_empty_li)
```

解説

01　変数np_zeros_liに、形状が2行3列で、値が数値「0」で初期化されたNumPy配列を代入する。

02　変数np_zeros_liの要素をすべて表示する。

03　変数np_ones_liに、形状が2行3列で、値が数値「1」で初期化されたNumPy配列を代入する。

04　変数np_ones_liの要素をすべて表示する。

05　変数np_empty_liに、形状が2行3列で、値が初期化されていないNumPy配列を代入する。

06　変数np_empty_liの要素をすべて表示する。

```
[[0. 0. 0.]
 [0. 0. 0.]]
[[1. 1. 1.]
 [1. 1. 1.]]
[[1. 1. 1.]
 [1. 1. 1.]]
```

np.empty 関数で作成した NumPy 配列は、実行環境のメモリの状態によって変わるから、「1.」になるとは限らないよ。

3-3-4 等差数列となる NumPy 配列を作成する

等差数列とは、隣り合う数値の差が一定の数列のことです。Pythonに標準で用意されているrange関数を使うことで等差数列を作成できますが、NumPyでも**np.arange関数**や**np.linspase関数**を使って等差数列となるNumPy配列を作成できます。

等差数列となる NumPy 配列を作成する

np.arange関数の場合、第1引数は作成する等差数列の最初の値、第2引数は等差数列の終点の値、第3引数は要素の間隔を指定します。np.linspace関数の場合、第1引数と第2引数はnp.arange関数と同じですが、引数numに等差数列の要素数を指定します。なお、終了値に指定する値について、np.arange関数の場合は指定した値を含みませんが、np.linspace関数の場合は指定した値を含みます。

構文	np.arange(開始値 , 終了値 [, ステップ]) または np.linspase(開始値 , 終了値 [, num= 要素数])

例：変数 np_arange_li に、「0〜10」の範囲で値の間隔が2の等差数列となる NumPy 配列を代入する。

```
np_arange_li  = np.arange(0, 10, 2)
```

例：変数 np_linspace_li に、「0〜10」の範囲で要素数が5の等差数列となる NumPy 配列を代入する。

```
np_linspace_li = np.linspace(0, 10 ,5)
```

np.arange関数で、開始値が0、終了値が10、ステップが2の場合、次のような結果が得られます。

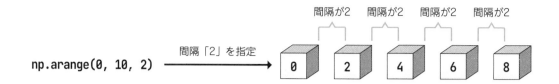

終了値は10ですが、10を含まないで間隔が2になるため、最後の要素は8になります。

np.linspace関数で、開始値が0、終了値が10、要素数が5の場合、次のような結果が得られます。

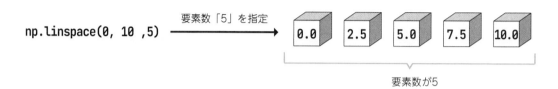

最後の要素が10になるよう、間隔が2.5の状態で作成されます。なお、引数numで要素数を指定しなかった場合、デフォルト値として50が設定されます。

間隔を指定したいか、要素数を指定したいかで、np.arange関数とnp.linspace関数を使い分けよう。

実践してみよう

等差数列を作る関数を実際に使ってみましょう。

構文の使用例

プログラム : 3-3-4

```
01  np_arange_li = np.arange(0, 10, 2)
02  print(np_arange_li)
03  np_linspace_li = np.linspace(0, 10, 5)
04  print(np_linspace_li)
```

解説

01　変数np_arange_liに、「0～10」の範囲で値の間隔が2の等差数列となるNumPy配列を代入する。

02　変数np_arange_liの要素をすべて表示する。

03　変数np_linspace_liに、「0～10」の範囲で要素数が5の等差数列となるNumPy配列を代入する。

04　変数np_linspace_liの要素をすべて表示する。

```
[0 2 4 6 8]
[ 0.   2.5 5.   7.5 10. ]
```

　np.arange関数とnp.linspace関数では、終了値の扱いが異なることにも注意しましょう。np.linspace関数の場合、作成されるNumPy配列の最後の要素は終了値になります。しかし、np.arange関数は、終了値を含まないNumPy配列を作成します。

　プログラム「3-3-4」の1行目でnp.arange関数を呼び出す際、開始値は0、終了値は10、間隔は2を指定しています。しかし、作成されたNumPy配列の要素を表示すると、最後の要素は「8」になっており、「10」が含まれていないことがわかります。

NumPy配列から要素を条件抽出する

　データ分析では、ある条件を満たすデータのみを分析することがあります。例えば、数値がある一定以上のものだけを分析したいときなどです。NumPy配列では、任意の条件に当てはまる要素を容易に取り出せる機能があります。

NumPy配列から要素を条件抽出する

NumPy配列のあとに [ ] を付けて中に条件を指定すると、条件に当てはまる要素のみを返します。また、np.where関数は、引数で指定した条件に当てはまる要素番号をタプルで返します。

構文	NumPy 配列 [条件] または np.where(条件)

例：変数np_liの要素から、要素を数値「2」で割った余りが数値「1」と等しい要素を取り出す。

```
np_li[np_li%2==1]
```

例：変数np_liの要素から、要素を数値「2」で割った余りが数値「1」と等しい要素に対応する要素番号を取り出す。

```
np.where([np_li%2==1])
```

　変数np_liが「101，102，103，104，105」の要素を持つNumPy配列の場合、例のプログラムを実行すると、次のような結果が得られます。

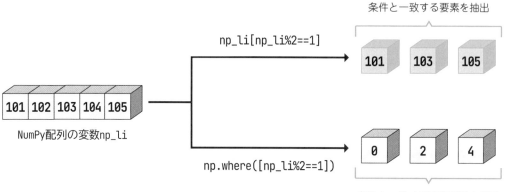

条件と一致する要素を抽出

np_li[np_li%2==1]

NumPy配列の変数np_li

np.where([np_li%2==1])

条件と一致する要素番号を抽出

　「np_li%2==1」は、要素を数値「2」で割った余りが数値「1」と等しい、という条件です。NumPy配列 [条件] の場合、この条件に当てはまる要素のみを抽出し、np.where関数の場合、この条件に当てはまる要素に対応する要素番号のみを抽出します。

実践してみよう

NumPy配列から条件を指定して、条件に一致する要素や要素番号を取り出してみましょう。

構文の使用例

プログラム：3-3-5

```
01  np_li = np.array([34.2, 33.1, 35.4, 32.3, 34.7, 35.2, 37.3])
02  print(np_li[np_li>=35.0])
03  print(np.where(np_li>=35.0))
```

解説

01 変数np_liに、リスト「34.2, 33.1, 35.4, 32.3, 34.7, 35.2, 37.3」をNumPy配列に変換して代入する。
02 変数np_liの要素から、数値「35.0」以上の要素を取り出して表示する。
03 変数np_liの要素から、数値「35.0」以上の要素に対応する要素番号を取り出して表示する。

実行結果

```
[35.4 35.2 37.3]
(array([2, 5, 6], dtype=int64),)
```

　条件である35.0以上の要素として、35.4（要素番号2）、35.2（要素番号5）、37.3（要素番号6）が取り出されたことがわかります。

よく起きるエラー ・・

　条件の指定に誤りがあるため、意図した結果になりません。なお、条件に一致する要素がない場合、要素や要素番号を空で戻します。

実行結果

```
[]
(array([], dtype=int64),)
```

> 条件に一致する要素がない
> 条件に一致する要素番号がない

- **エラーの発生場所：2～3行目で指定する演算子「==」が正しくない**
- **エラーの意味　　　：条件に一致する要素がないため、要素や要素番号を空で戻している。**

プログラム：3-3-5_e1

```
01  np_li = np.array([34.2, 33.1, 35.4, 32.3, 34.7, 35.2, 37.3])
02  print(np_li[np_li==35.0])
03  print(np.where(np_li==35.0))
```
　　　　　　　　　　　　　　　指定する条件が正しくない

- **対処方法：2～3行目の演算子「==」を「>=」に修正する。**

Reference

np.where関数の条件分岐の返却

np.where関数では、第2引数と第3引数を指定できます。第1引数の条件に一致した場合は第2引数を返し、一致しない場合は第3引数を返します。次のプログラムでは、数値「35.0」以上の要素の場合に文字列「猛暑日」を返し、そうでない要素の場合は文字列「真夏日」を返します。

プログラム：3-3-5_r1

```
01  np.where(np_li>=35.0, "猛暑日", "真夏日")
```

実行結果

```
array(['真夏日', '真夏日', '猛暑日', '真夏日', '真夏日', '猛暑日', '猛暑日'], dtype='<U3')
```

 条件に一致するかどうかで、表示する文字を分岐させたいときに、この使い方は便利そうだね。

3-3-6 NumPy配列をソートする

データ分析では、事前にデータをソート（並べ替え）してから分析を行うことがあります。その際に用いるのが**np.sort関数**です。

NumPy配列をソートする

np.sort関数の第1引数に並べ替えたいNumPy配列を指定し、引数axisで並べ替えたい軸を指定します。引数axisは省略可能で、指定がない場合は行ごとに並べ替えます。なお、並べ替える順番は昇順になります。降順は指定できません。

> **構文** `np.sort(NumPy配列 [, axis= ソートする軸 ])`

例：変数np_sort_liに、変数np_liを行ごとに並べ替えたNumPy配列を代入する。

```
np_sort_li = np.sort(np_li)
```

例：変数np_sort_liに、変数np_liを列ごとに並べ替えたNumPy配列を代入する。

```
np_sort_li = np.sort(np_li, axis=0)
```

2次元のNumPy配列に対して、引数axisでソートする軸を指定しなかった場合と、指定した場合の違いは次のとおりです。

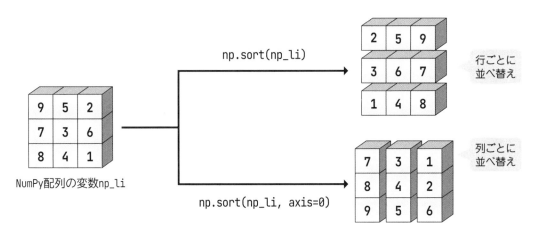

指定しなかった場合は、行ごと（横方向）に並べ替えを行います。対して、引数axisに「0」を指定すると、列ごと（縦方向）に並べ替えを行います。なお、引数axisに「1」を指定した場合、引数axisを省略したときと同じ結果が得られます。

実践してみよう

NumPy配列を並べ替えるプログラムを実行してみましょう。

構文の使用例

プログラム：3-3-6

```
01  np_li = np.array([[9, 5, 2], [7, 3, 6], [8, 4, 1]])
02  print(np_li)
03  np_sort_li1 = np.sort(np_li)
04  print(np_sort_li1)
05  np_sort_li2 = np.sort(np_li, axis=0)
06  print(np_sort_li2)
07  np_sort_li3 = np.sort(np_li, axis=1)
08  print(np_sort_li3)
```

解説

01	変数np_liに、リスト「[9, 5, 2], [7, 3, 6], [8, 4, 1]」をNumPy配列に変換して代入する。
02	変数np_liの要素をすべて表示する。
03	変数np_sort_li1に、変数np_liを行ごとに並べ替えた結果を代入する。
04	変数np_sort_li1の要素をすべて表示する。
05	変数np_sort_li2に、変数np_liを列ごとに並べ替えた結果を代入する。
06	変数np_sort_li2の要素をすべて表示する。
07	変数np_sort_li3に、変数np_liを行ごとに並べ替えた結果を代入する。
08	変数np_sort_li3の要素をすべて表示する。

実行結果

```
[[9 5 2]
 [7 3 6]
 [8 4 1]]
[[2 5 9]
 [3 6 7]
 [1 4 8]]
[[7 3 1]
 [8 4 2]
 [9 5 6]]
[[2 5 9]
 [3 6 7]
 [1 4 8]]
```

どの方向を軸にして並べ替えるかを意識して、引数axisを指定しよう。

3-3-7 NumPy 配列を結合する

データ分析では、複数の配列を結合させたうえで分析を行いたい場面があります。Pythonの標準リストは＋演算子で結合できますが、NumPy配列は**np.hstack関数**か、**np.vstack関数**を使います。

NumPy 配列を結合する

列を増やす形でNumPy配列を結合させたい場合は、np.hstack関数を使います。引数は、結合したいNumPy配列（またはPython標準の配列）をタプルで指定します。

また、行を増やす形で配列を結合させたい場合は、np.vstack関数を使います。引数は、np.hstack関数と同じです。

> **構文** np.hstack(結合する NumPy 配列のタプル)
> または
> np.vstack(結合する NumPy 配列のタプル)

例：変数np_new_liに、変数np_liの要素と変数np_add_liの要素を横方向で結合した結果を代入する。

```
np_new_li = np.hstack((np_li, np_add_li))
```

例：変数np_new_liに、変数np_liの要素と変数np_add_liの要素を縦方向で結合した結果を代入する。

```
np_new_li = np.vstack((np_li, np_add_li))
```

2次元配列の場合、np.hstack関数は、列を増やす形（横方向：axis＝1）でNumPy配列を結合します。

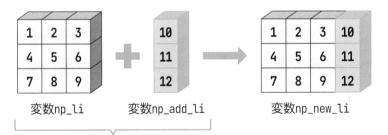

変数np_li　　　変数np_add_li　　　　変数np_new_li

np.hstack((np_li, np_add_li))

また np.vstack関数は、行を増やす形（縦方向：axis＝0）でNumPy配列を結合します。

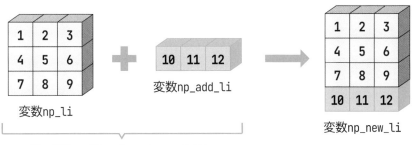

変数np_li　　　変数np_add_li

np.vstack((np_li, np_add_li))

変数np_new_li

結合する配列の形状（要素数）が異なると結合できないから注意しよう。

実践してみよう

　次のプログラムは、実行結果を確認しやすくするために、コードのセルをいくつかに分けて実行します。セルを分けて実行すると、print文を使わずに処理の結果や変数の値を表示することもできます。

　なお、プログラムの「3-3-7_1」「3-3-7_2」「3-3-7_4」は、それぞれ変数にリストやNumPy配列を代入して表示しているだけなので、解説を省略しています。

構文の使用例

プログラム：3-3-7_1

```
01  np_humi = np.array([[28.5, 33.1, 25.5],
02                      [29.5, 35.4, 26.0],
03                      [28.1, 32.3, 25.1],
04                      [28.7, 34.7, 23.4],
05                      [30.5, 35.2, 26.9]])
06  np_humi ──────変数np_humiの要素をすべて表示する
```

実行結果

```
array([[28.5, 33.1, 25.5],
       [29.5, 35.4, 26. ],
       [28.1, 32.3, 25.1],
       [28.7, 34.7, 23.4],
       [30.5, 35.2, 26.9]])
```

プログラム：3-3-7_2

```
01  np_add_ax1 = np.array([[79], [71], [79], [77], [73]])
02  np_add_ax1 ──────変数np_add_ax1の要素をすべて表示する
```

```
array([[79],
       [71],
       [79],
       [77],
       [73]])
```

プログラム：3-3-7_3

```
01  np_humi = np.hstack((np_humi, np_add_ax1))
02  np_humi
```

解説

01 変数np_humiに、変数np_humiの要素と変数np_add_ax1の要素を横方向で結合した結果を代入する。

02 変数np_humiの要素をすべて表示する。

実行結果

```
array([[28.5, 33.1, 25.5, 79. ],
       [29.5, 35.4, 26. , 71. ],
       [28.1, 32.3, 25.1, 79. ],
       [28.7, 34.7, 23.4, 77. ],
       [30.5, 35.2, 26.9, 73. ]])
```

　プログラム「3-3-7_3」では、変数np_humiと変数np_add_ax1を列を増やす形（横方向：axis=1）で結合し、その結果を変数np_humiに代入して、表示しています。

プログラム：3-3-7_4

```
01  np_add_ax0 = np.array([[31.7, 37.3, 27.0, 67.0],
02                         [30.0, 35.8, 27.3, 79.0]])
03  np_add_ax0 ─────── 変数np_add_ax0の要素をすべて表示する
```

実行結果

```
array([[31.7, 37.3, 27. , 67. ],
       [30. , 35.8, 27.3, 79. ]])
```

プログラム：3-3-7_5

```
01  np_humi = np.vstack((np_humi, np_add_ax0))
02  np_humi
```

解説

01 変数np_humiに、変数np_humiの要素と変数np_add_ax0の要素を縦方向で結合した結果を代入する。

02 変数np_humiの要素をすべて表示する。

```
array([[28.5, 33.1, 25.5, 79. ],
       [29.5, 35.4, 26. , 71. ],
       [28.1, 32.3, 25.1, 79. ],
       [28.7, 34.7, 23.4, 77. ],
       [30.5, 35.2, 26.9, 73. ],
       [31.7, 37.3, 27. , 67. ],
       [30. , 35.8, 27.3, 79. ]])
```

　プログラム「3-3-7_5」では、変数np_humiと変数np_add_ax0を行を増やす形（縦方向：axis＝0）で結合し、その結果を変数np_humiに代入して、表示しています。

 ## よく起きるエラー ·····························

　形状（要素数）が一致しないNumPy配列を結合すると、エラーになります。

```
-----------------------------------------------------------------
ValueError                           Traceback (most recent call last)
Cell In[38], line 4
      1 np_add_ax0 = np.array([[31.7, 37.3, 27.0],
      2                        [30.0, 35.8, 27.3]])
      3 np_add_ax0
----> 4 np_humi = np.vstack((np_humi, np_add_ax0))
      5 np_humi

File ~\AppData\Local\Programs\Python\Python312\Lib\site-packages\numpy\core\shape_base.py:289, in vstack(tup,
dtype, casting)
    287 if not isinstance(arrs, list):
    288     arrs = [arrs]
--> 289 return _nx.concatenate(arrs, 0, dtype=dtype, casting=casting)

ValueError: all the input array dimensions except for the concatenation axis must match exactly, but along dim
ension 1, the array at index 0 has size 4 and the array at index 1 has size 3
```

- ● エラーの発生場所：4行目「np.vstack((np_humi, np_add_ax0))」
- ● エラーの意味　　：結合するNumPy配列の形状（要素数）が一致していない。

```
01  np_add_ax0 = np.array([[31.7, 37.3, 27.0],
02                         [30.0, 35.8, 27.3]])
03  np_add_ax0
04  np_humi = np.vstack((np_humi, np_add_ax0))
05  np_humi
```

それぞれの要素数が4でなはく3になっている

- ● 対処方法：結合するNumPy配列の形状（要素数）を一致させる。

3-3-8 NumPy配列の累積和を求める

Python標準のリストに格納されている要素の累積値を求めるためには、for文を使う必要がありました。NumPyには、**np.cumsum関数**が用意されており、要素の値を足し合わせる軸の方向を指定して、累積値を求めることができます。

NumPy配列の累積和を求める

np.cumsum関数でNumPy配列の累積和を求められます。第1引数は累積和を求めたいNumPy配列、引数axisで要素を足し合わせる軸の方向を指定します。

構文	`np.cumsum(NumPy配列 [, axis= 軸 ])`

例： 変数np_liの要素を1次元配列として累積和を求める。

```
np.cumsum(np_li)
```

例： 変数np_liの要素の列ごとに累積和を求める。

```
np.cumsum(np_li, axis=0)
```

例： 変数np_liの要素の行ごとに累積和を求める。

```
np.cumsum(np_li, axis=1)
```

例のプログラムにある変数np_liが次のような2次元のNumPy配列である場合、np.cumsum関数でどのような結果が得られるかを確認していきましょう。

変数np_li

引数axisを省略した場合、変数np_liは1次元配列として累積和を求めます。そのため、1次元配列の左側から「1」、1＋2を計算して累積和が「3」、3＋3を計算して累積和が「6」と求め続けて、最後は15＋6を計算して累積和が「21」になります。

np.cumsum(np_li)

引数axisに「0」を指定した場合、列ごと（縦方向）に累積和を求めるので、1列目は「1」、1+4を計算して累積和が「5」になります。2列目は「2」、2＋5を計算して累積和が「7」になり、3列目は「3」、3＋6を計算して累積和が「9」になります。

np.cumsum(np_li, axis=0)

そして引数axisに「1」を指定した場合は、行ごと（横方向）に累積和を求めるので、1行目は引数を省略した場合の途中まで同じです。2行目は「4」、4+5を計算して累積和が「9」、9+6を計算して累積和が「15」になります。

np.cumsum(np_li, axis=1)

実践してみよう

ここでもコードのセルを分けてプログラムを実行します。また、プログラム「3-3-8_1」は、変数にNumPy配列を代入し、表示しているだけなので、解説を省略しています。

構文の使用例

プログラム：3-3-8_1

```
01  np_sales = np.array([[32, 15, 50, 120],
02                       [25, 20, 60, 108],
03                       [40, 35, 45, 125]])
04  np_sales
```

```
array([[ 32,  15,  50, 120],
       [ 25,  20,  60, 108],
       [ 40,  35,  45, 125]])
```

プログラム：3-3-8_2

```
01  np_cumsum = np.cumsum(np_sales)
02  np_cumsum
```

解説

01 変数np_cumsumに、変数np_salesの要素を1次元配列として累積和を求めた結果を代入する。
02 変数np_cumsumの要素をすべて表示する。

実行結果

```
array([ 32,  47,  97, 217, 242, 262, 322, 430, 470, 505, 550, 675])
```

　引数axisの指定を省略しているので、変数salesの要素は1次元配列として累積和を求めます。「32」、32＋15を計算して累積和が「47」、47+50を計算して累積和が「97」と求め続けて、最後は550+125を計算して累積和が「675」になります。

プログラム：3-3-8_3

```
01  np_cumsum_ax0 = np.cumsum(np_sales, axis=0)
02  np_cumsum_ax0
```

解説

01 変数np_cumsum_ax0に、変数np_salesの要素の列ごとに累積和を求めた結果を代入する。
02 変数np_cumsum_ax0の要素をすべて表示する。

実行結果

```
array([[ 32,  15,  50, 120],
       [ 57,  35, 110, 228],
       [ 97,  70, 155, 353]])
```

　引数axisに「0」を指定しているので、列ごと（縦方向）に累積和を求めます。1列目は「32」、32+25を計算して累積和が「57」、57＋40を計算して累積和が「97」になります。2～4列目も同様にして累積和が求まっています。

プログラム：3-3-8_4

```
01  np_cumsum_ax1 = np.cumsum(np_sales, axis=1)
02  np_cumsum_ax1
```

解説

01 変数np_cumsum_ax1に、変数np_salesの要素の行ごとに累積和を求めた結果を代入する。

02 変数np_cumsum_ax1の要素をすべて表示する。

実行結果

```
array([[ 32,  47,  97, 217],
       [ 25,  45, 105, 213],
       [ 40,  75, 120, 245]])
```

　引数axisに「1」を指定しているので、行ごと（横方向）に累積和を求めます。1行目は「32」、32+15を計算して累積和が「47」、47+50を計算して累積和が「97」、97+120を計算して累積和が「217」になります。2〜4行目も同様にして累積和が求まっています。

> 列ごと（縦方向）に累積和を求める場合は「引数axisに0を指定」、行ごと（横方向）に累積和を求める場合は「引数axisに1を指定」と覚えておこう。

Reference

NumPy配列の合計値を求める

np.sum関数を使うと、NumPy配列の要素すべての合計値、行ごとの合計値、列ごとの合計値を求められます。次のプログラムでは、変数np_salesを使って、それぞれの合計値を求めています。

プログラム：3-3-8_r1

```
01  np_sum = np.sum(np_sales)          ──── 要素すべての合計値を求める
02  print(np_sum)
03  np_sum_ax0 = np.sum(np_sales, axis=0)  ──── 列ごと（縦方向）の合計値を求める
04  print(np_sum_ax0)
05  np_sum_ax1 = np.sum(np_sales, axis=1)  ──── 行ごと（横方向）の合計値を求める
06  print(np_sum_ax1)
```

実行結果

```
675
[ 97  70 155 353]
[217 213 245]
```

3-4 NumPy の数学関数

NumPyには、計算に便利な関数が用意されています。四則演算はもちろんのこと、平方根や絶対値のような数学関数、平均値や中央値を求める関数、分散や標準偏差を求める関数など、データ分析には欠かせない関数ばかりなので、上手に使いこなしていきましょう。

3-4-1 四則演算と基本的な数学関数

NumPyは数値計算を目的としたライブラリのため、様々な数学関数が用意されています。基本的な四則演算（足し算・引き算・掛け算・割り算）の関数はもちろん、平方根や指数関数、対数関数などもあります。

様々な NumPy の数学関数

演算	関数	意味
足し算	np.add(a, b)	aとbを足す
引き算	np.subtract(a, b)	aからbを引く
掛け算	np.multiply(a, b)	aとbを掛ける
割り算	np.divide(a, b)	aをbで割る
剰余	np.mod(a, b)	aをbで割った余り
累乗	np.power(a, b)	aのb乗
平方根	np.sqrt(a)	aの平方根
指数関数	np.exp(a)	ネイピア数（約2.71828）のa乗
対数関数	np.log(a)	低をネイピア数とするaの対数
床関数	np.floor(a)	a以下の最大の整数
絶対値	np.absolute(a)	aの絶対値
四捨五入	np.round(a)	aを整数となるように四捨五入した値

これらの数学関数を使いこなすことで、データ分析に必要な計算が効率的に実行できるよ。

NumPyの数学関数では、数値のほかにNumPy配列など、配列構造を持つオブジェクト同士の演算が可能です。多次元の配列同士の計算は、それぞれの配列の同じ場所に格納されている数値同士を計算します。

```
np_num1 = np.array([[14, 16, 18], [20, 22, 24]])
np_num2 = np.array([[2, 4, 6], [8, 10, 12]])
```

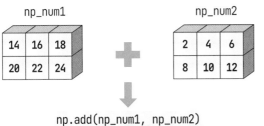

実践してみよう

2次元のNumPy配列を2つ作成し、四則演算（足し算・引き算・掛け算・割り算）を行いましょう。

構文の使用例

プログラム：3-4-1_1

```
01  np_num1 = np.array([[14, 16, 18], [20, 22, 24]])
02  np_num2 = np.array([[2, 4, 6], [8, 10, 12]])
03  print(np.add(np_num1, np_num2))
04  print(np.subtract(np_num1, np_num2))
05  print(np.multiply(np_num1, np_num2))
06  print(np.divide(np_num1, np_num2))
```

解説

01 変数np_num1に、リスト「[14, 16, 18], [20, 22, 24]」をNumPy配列に変換して代入する。

02 変数np_num2に、リスト「[2, 4, 6], [8, 10, 12]」をNumPy配列に変換して代入する。

03 変数np_num1の要素と変数np_num2の要素を足し算した結果を表示する。

04 変数np_num1の要素から変数np_num2の要素を引き算した結果を表示する。

05 変数np_num1の要素と変数np_num2の要素を掛け算した結果を表示する。

06 変数np_num1の要素を変数np_num2の要素で割り算した結果を表示する。

```
[[16 20 24]
 [28 32 36]]        足し算の結果

[[12 12 12]
 [12 12 12]]        引き算の結果

[[ 28  64 108]
 [160 220 288]]     掛け算の結果

[[7.  4.  3. ]
 [2.5 2.2 2. ]]     割り算の結果
```

　それぞれ、NumPy配列の同じ場所に格納されている数値同士を計算していることがわかります。例えば、5行目の掛け算の1行目1列目では、変数np_num1の1行目1列目である「14」と、変数np_num2の1行目1列目である「2」を掛け算した結果である「28」が求められます。また、6行目の割り算の1行目1列目では、変数np_num1の1行目1列目である「14」を、変数np_num2の1行目1列目である「2」で割り算した結果である「7.0」が求められます。なお、割り算の結果は、float64型のデータ型として返されます。

プログラム：3-4-1_2

```
01  np_num1 = np.array([[14, 16, 18], [20, 22, 24]])
02  np_num3 = np.array([[3], [6]])
03  print(np.add(np_num1, np_nup3))
04  print(np.subtract(np_num1, np_nup3))
05  print(np.multiply(np_num1, np_nup3))
06  print(np.divide(np_num1, np_nup3))
```

解説

01　変数np_num1に、リスト「[14, 16, 18], [20, 22, 24]」をNumPy配列に変換して代入する。

02　変数np_num3に、リスト「[3], [6]」をNumPy配列に変換して代入する。

03　変数np_num1の要素と変数np_num3の要素を足し算した結果を表示する。

04　変数np_num1の要素から変数np_num3の要素を引き算した結果を表示する。

05　変数np_num1の要素と変数np_num3の要素を掛け算した結果を表示する。

06　変数np_num1の要素を変数np_num3の要素で割り算した結果を表示する。

実行結果

```
[[17 19 21]
 [26 28 30]]        足し算の結果

[[11 13 15]
 [14 16 18]]        引き算の結果

[[ 42  48  54]
 [120 132 144]]     掛け算の結果

[[4.66666667 5.33333333 6.         ]
 [3.33333333 3.66666667 4.         ]]    割り算の結果
```

　引数1に指定するNumPy配列はプログラム「3-4-1_1」と同様に2行×3列ですが、引数2に指定

するNumPy配列は2行×1列に変更しています。

　NumPy配列同士の形状（要素数）は異なりますが、計算することができます。例えば、5行目の掛け算の1行目1列目では、変数np_num1の1行目1列目である「14」と、変数np_num3の1行目1列目である「3」を掛け算した結果である「42」が求まります。同様に、5行目の掛け算の1行目2列目では、変数np_num1の1行目2列目である「16」と、変数np_num3の1行目1列目である「3」を掛け算した結果である「48」が求まります。同様に、5行目の掛け算の1行目3列目では、変数np_num1の1行目3列目である「18」と、変数np_num3の1行目1列目である「3」を掛け算した結果である「54」が求まります。

　このように、NumPy配列同士の形状（要素数）が完全に一致していなくても、行数が一致して列数が1つの場合は、計算することができます。

3-4-2 平均値と中央値

　データ分析を行う際は、まず手元にあるデータの傾向を確認することからはじめます。データを集計したり、グラフにしたりすることで、データの傾向を把握することを**要約**といいます。

　要約の方法の1つに**基本統計量**があります。基本統計量とはデータの特徴を表す数値のことで、**平均値**や**中央値**のようにデータの中心を表すものや、後ほど説明する**分散**や**標準偏差**のようにデータのばらつき具合を表すものなどがあります。

　NumPyには、基本統計量を求めるための関数が用意されています。

平均値や中央値の求め方

mean関数で平均値、median関数で中央値を求められます。引数には、平均値や中央値を求めたいリストまたはNumPy配列と、計算する軸の方向を指定します。

構文	np.mean(リストまたは NumPy 配列 [, axis= 軸の方向]) np.median(リストまたは NumPy 配列 [, axis= 軸の方向])

例：変数np_meanに、リスト「10, 20, 30, 40, 50, 60」の要素の平均値を代入する。

```
np_mean = np.mean([10, 20, 30, 40, 50, 60])
```

例：リスト「[10, 20], [30, 40], [50, 60]」をNumPy配列にして、変数np_numに代入する。変数np_medianに、変数np_numの要素の列ごと（縦方向）の中央値を代入する。

```
np_num = np.array([[10, 20], [30, 40], [50, 60]])
np_median = np.median(np_num, axis=0)
```

NumPyで平均値を求める関数には、mean関数のほかに、要素ごとに重みを加えた平均（＝加重平均）を求めることができるaverage関数もあるよ。

平均値は、データの合計をデータの数で割った値で、データの中心を表します。様々な場面で使われる重要な指標ですが、**外れ値**の影響を受けやすいという特徴があります。

外れ値とは極端に大きかったり、極端に小さかったりする値のことで、データに外れ値が含まれていると、平均値は外れ値のある方に引っ張られてしまいます。そのため外れ値を多く含むデータでは、分析者が本来知りたい「データの中心」から、平均値がずれてしまうことがあるため注意が必要です。

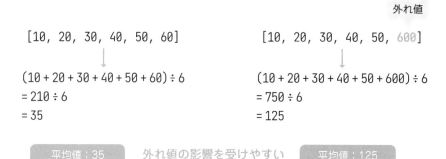

外れ値

[10, 20, 30, 40, 50, 60]

↓

$(10 + 20 + 30 + 40 + 50 + 60) \div 6$
$= 210 \div 6$
$= 35$

平均値：35　　外れ値の影響を受けやすい

[10, 20, 30, 40, 50, 600]

↓

$(10 + 20 + 30 + 40 + 50 + 600) \div 6$
$= 750 \div 6$
$= 125$

平均値：125

中央値は、データを昇順に並べ替えたときに、ちょうど真ん中に位置する値です。データが奇数個の場合はちょうど真ん中の値が中央値になり、偶数個の場合は真ん中の2つの値の平均が中央値になります。中央値も「データの中心」を表す値ですが、平均値とは異なり、データを足し合わせることをしないため、外れ値の影響を受けにくいという特徴があります。

外れ値

[10, 20, 30, 40, 50, 60]

↓

$(30 + 40) \div 2$
$= 70 \div 2$
$= 35$

中央値：35　　外れ値の影響を受けにくい

[10, 20, 30, 40, 50, 600]

↓

$(30 + 40) \div 2$
$= 70 \div 2$
$= 35$

中央値：35

平均値を求めるmean関数や、中央値を求めるmedian関数では、引数axisで平均値や中央値を求める際の軸の方向を指定することができます。例えば、次のような2次元のNumPy配列では、軸の方向によって求められる平均値が変化します。なお、引数axisを指定しない場合、すべての要素から平均値や中央値を算出します。

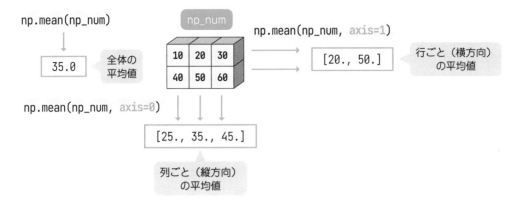

実践してみよう

　次の例では、2次元のNumPy配列に対して、全体、列ごと（縦方向）、行ごと（横方向）での平均値と中央値を求めています。

構文の使用例

プログラム：3-4-2

```
01  np_num4 = np.array([[10, 20, 30], [40, 50, 600]])
02  print(np.mean(np_num4))
03  print(np.mean(np_num4, axis=0))
04  print(np.mean(np_num4, axis=1))
05  print(np.median(np_num4))
06  print(np.median(np_num4, axis=0))
07  print(np.median(np_num4, axis=1))
```

解説

01　変数np_num4に、リスト「[10, 20, 30], [40, 50, 600]」をNumPy配列に変換して代入する。

02　変数np_num4の要素の全体の平均値を表示する。

03　変数np_num4の要素の列ごと（縦方向）の平均値を表示する。

04　変数np_num4の要素の行ごと（横方向）の平均値を表示する。

05　変数np_num4の要素の全体の中央値を表示する。

06　変数np_num4の要素の列ごと（縦方向）の中央値を表示する。

07　変数np_num4の要素の行ごと（横方向）の中央値を表示する。

```
125.0
[ 25.  35. 315.]
[ 20. 230.]
35.0
[ 25.  35. 315.]
[20. 50.]
```

1行目では、外れ値「600」が含まれていることがわかります。全体の平均値が「125.0」であるのに対して、全体の中央値は「35.0」であり、外れ値の影響を受けていないことが確認できます。

> 平均値を使うケースには慣れていると思うけど、外れ値の影響を受けたくない場合には、中央値を使うといいよ。

3-4-3 分散と標準偏差

データのばらつきを表す基本統計量に、**分散**と**標準偏差**があります。どちらの値も、平均値を基準としたときに、各データが平均値からどのくらい離れているかを表しています。

分散や標準偏差の求め方

NumPyでは、var関数で分散を、std関数で標準偏差を求められます。引数には、分散や標準偏差を求めたいリストまたはNumPy配列と、計算する軸の方向を指定します。

構文	np.var(リストまたは NumPy 配列 [, axis= 軸の方向]) np.std(リストまたは NumPy 配列 [, axis= 軸の方向])

例：変数np_varに、リスト「10, 20, 30, 40, 50, 60」の要素の分散を代入する。

```
np_var = np.var([10, 20, 30, 40, 50, 60])
```

例：変数np_stdに、リスト「10, 20, 30, 40, 50, 60」の要素の標準偏差を代入する。

```
np_std = np.std([10, 20, 30, 40, 50, 60])
```

分散の求め方を説明します。まず、平均値と各データの差を求めます。求めた平均値との差は、正の数と負の数があるため、2乗してすべて正の数になるようにします。このようにして、各データの平均値との差を2乗した値を算出したら、それらの平均値を計算すると、分散が求められます。

[10, 20, 30, 40, 50, 60]　平均値：35

↓　平均値との差を求める

[-25, -15, -5, 5, 15, 25]

↓　2乗する

[625, 225, 25, 25, 225, 625]

↓　平均を求める

291.6666666666667　分散

　分散は、いわば「差の平均」を表した値ですが、一度計算の過程で2乗しているため、元のデータとは値の単位が異なります。そのため、分散をそのまま人が解釈するのは困難です。そこで、分散の単位を元のデータに揃えるために、分散の平方根を求めたものが、標準偏差です。

291.6666666666667　分散

↓　平方根を求める

17.07825127659933　標準偏差

　標準偏差は、平均値からプラスマイナス標準偏差の範囲に全体のデータの約68%が含まれているという統計的な意味を持ち、データ分析において重要な指標の1つです。例えば、32人が受けたテストにおいて、平均点が65点、標準偏差が15だったとします。その場合、平均点の65点からプラスマイナス15点の範囲に、全体の約68%である約21人が含まれるという意味になります（実際のデータでは少しズレが生じる場合もあります）。

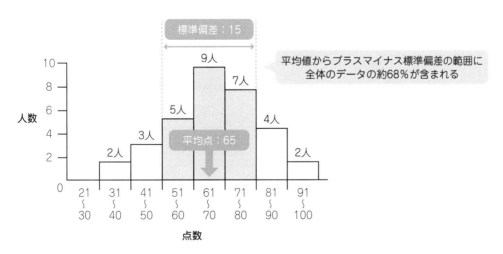

実践してみよう

テストの点数を格納したリストを作成し、分散と標準偏差を求めましょう。

構文の使用例

プログラム：3-4-3

```
01 scores = [82, 64, 54, 84, 72, 42, 63, 72, 88, 55, 66, 72, 64, 94, 32, 82, 44, 61, 77, 55,
   92, 46, 76, 62, 52, 64, 38, 51, 74, 63, 92, 68]
02 print(np.var(scores))
03 print(np.std(scores))
```

解説

01 変数scoresに、リスト「82, 64, 54, 84, 72, 42, 63, 72, 88, 55, 66, 72, 64, 94, 32, 82, 44,
   61, 77, 55, 92, 46, 76, 62, 52, 64, 38, 51, 74, 63, 92, 68」を代入する。
02 変数scoresの要素の分散を表示する。
03 変数scoresの要素の標準偏差を表示する。

実行結果

```
253.9755859375
15.936611494841054
```

1クラスに32人いると仮定して、32人分のテスト結果をリストとして変数scoresに代入しています。この変数scoresをvar関数とstd関数の引数に指定して、2行目では分散を、3行目では標準偏差を求めて表示しています。

標準偏差の値が大きいと平均値からのばらつきが大きく、標準偏差の値が小さいと平均値からのばらつきが小さいということを意味するよ。

3-5 実習問題

この章で学習したことを復習しましょう。
実習ファイルを読み込んで、順番にプログラムを作成していきましょう。

🖊 実習問題①

- 概要 ：家電販売店の売れ筋商品である商品A・商品B・商品Cの販売価格のデータを使って、各店舗における原価率を計算して表示しましょう。
- 実習ファイル：Chap3_practice.ipynb、product_ab.csv、product_c.csv

次の流れで、実行結果例となるようなプログラムを作成してください。

⬤ プログラム：3-5-1_p1（記述済み）

- product_ab.csv：店舗別の2種類の商品の販売価格が格納されている。1行につき1店舗分の「商品A」と「商品B」の情報が格納されている。
- 「product_ab.csv」を読み込み、変数resに代入する。変数resの要素をすべて表示する。

実行結果例

```
[['80000', '41500'], ['68800', '60000'], ['80000', '52600'], ['80000', '52400'], ['80000', '60000'], ['69000',
'60000'], ['69000', '49100'], ['66900', '54800'], ['71700', '51600'], ['72100', '52000'], ['67200', '49400'],
['64100', '52300'], ['66400', '60000'], ['80000', '49100'], ['68500', '45100'], ['69800', '48500'], ['80000',
'39900'], ['74400', '60000'], ['72500', '60000'], ['69800', '53000']]
```

📄 解答例

プログラム

```
01  import csv
02
03  with open("product_ab.csv", "r") as f:
04      reader = csv.reader(f)
05      res = [i for i in reader]
06  print(res)
```

解説

01 csvモジュールをインポートする。

02

03 ファイル「product_ab.csv」をモード「r」で開き、変数fに代入する。

04	変数fの値をiterator型に変換した結果を、変数readerに代入する。
05	変数readerの要素を変数iに1行ずつ取り出して、変数resに代入する。
06	変数resの要素をすべて表示する。

● プログラム:3-5-1_p2

- **NumPyをインポートする。**
- **変数np_price_abに、変数resの要素のデータ型を「int32」に指定し、NumPy配列に変換して代入する。**
- **変数np_price_abの要素のすべてを、変数np_price_abのデータ型を、変数np_price_abの要素のデータ型を表示する。**

実行結果例

```
[[80000 41500]
 [68800 60000]
 [80000 52600]

 [72500 60000]
 [69800 53000]]
<class 'numpy.ndarray'>
int32
```

📋 解答例

プログラム

```
01  import numpy as np
02
03  np_price_ab = np.array(res, dtype="int32")
04  print(np_price_ab)
05  print(type(np_price_ab))
06  print(np_price_ab.dtype)
```

解説

01	numpyモジュールにnpと別名を付けてインポートする。
02	
03	変数np_price_abに、変数resの要素のデータ型を「int32」に指定し、NumPy配列に変換して代入する。
04	変数np_price_abの要素をすべて表示する。
05	変数np_price_abのデータ型を表示する。
06	変数np_price_abの要素のデータ型を表示する。

● プログラム:3-5-1_p3

- **変数np_price_abの形状を表示する。**

```
(20, 2)
```

解答例

プログラム

```
01  print(np_price_ab.shape)
```

解説

01 変数np_price_abの形状を表示する。

プログラム:3-5-1_p4（記述済み）

- **product_c.csv**：店舗別の1種類の商品の販売価格が格納されている。1行につき1店舗分の「商品C」の情報が格納されている。
- 「**product_c.csv**」を読み込み、変数resに代入する。変数resの要素をすべて表示する。

実行結果例

```
[['28600', '40000', '29400', '33300', '40000', '40000', '30800', '32800', '29500', '30500', '31100', '31800',
 '28300', '40000', '27500', '24500', '40000', '40000', '25400', '27000']]
```

解答例

プログラム

```
01  with open("product_c.csv", "r") as f:
02      reader = csv.reader(f)
03      res = [i for i in reader]
04  print(res)
```

解説

01 ファイル「product_c.csv」をモード「r」で開き、変数fに代入する。

02 　変数fの値をiterator型に変換した結果を、変数readerに代入する。

03 　変数readerの要素を変数iに1行ずつ取り出して、変数resに代入する。

04 変数resの要素をすべて表示する。

プログラム:3-5-1_p5

- 変数np_price_cに、変数resの要素のデータ型を「int32」に指定し、NumPy配列に変換して代入する。
- 変数np_price_cの要素のすべてを、変数np_price_cのデータ型を、変数np_price_cの要素のデータ型を表示する。
- 変数np_price_cの形状を表示する。

```
[[28600 40000 29400 33300 40000 40000 30800 32800 29500 30500 31100 31800
  28300 40000 27500 24500 40000 40000 25400 27000]]
<class 'numpy.ndarray'>
int32
(1, 20)
```

📄 解答例

プログラム

```
01  np_price_c = np.array(res, dtype="int32")
02  print(np_price_c)
03  print(type(np_price_c))
04  print(np_price_c.dtype)
05  print(np_price_c.shape)
```

解説

01 変数np_price_cに、変数resの要素のデータ型を「int32」に指定し、NumPy配列に変換して代入する。
02 変数np_price_cの要素をすべて表示する
03 変数np_price_cのデータ型を表示する。
04 変数np_price_cの要素のデータ型を表示する。
05 変数np_price_cの形状を表示する。

🔵 プログラム:3-5-1_p6

- 変数np_priceに、変数np_price_abの要素と変数np_price_cの要素を横方向で結合した結果を代入する。
  （変数np_price_cの形状は、20行1列に変換してから結合する）
- 変数np_priceの要素をすべて表示する。

実行結果例

```
[[80000 41500 28600]
 [68800 60000 40000]
 [80000 52600 29400]
 [80000 52400 33300]
       3500 24
 [80000 39900 40000]
 [74400 60000 40000]
 [72500 60000 25400]
 [69800 53000 27000]]
```

📄 解答例

プログラム

```
01  np_price = np.hstack((np_price_ab, np_price_c.reshape(-1, 1)))
02  print(np_price)
```

01 変数np_priceに、変数np_price_abの要素と、変数np_price_cの形状を1列と自動的に計算した行に
変換した要素を、横方向で結合した結果を代入する。

02 変数np_priceの要素をすべて表示する。

● プログラム:3-5-1_p7

● 変数np_pirceの要素の列ごと（縦方向）の平均値を表示する。

※商品A・商品B・商品Cの販売価格の平均値を求める

実行結果例

```
[72510. 52565. 32525.]
```

🖹 解答例

プログラム

```
01 print(np.mean(np_price, axis=0))
```

解説

01 変数np_priceで要素の列ごと（縦方向）の平均値を表示する。

● プログラム:3-5-1_p8

● 各商品の原価は、商品Aが40,000円、商品Bが35,000円、商品Cが20,000円とする。

● 変数np_costに、原価の値を格納したリストをNumPy配列に変換して代入する。

● 各店舗それぞれの商品A・商品B・商品Cの原価率（原価率＝（原価÷販売価格）×100）を計算し、表
示する。

実行結果例

```
[[50.         84.3373494  69.93006993]
 [58.13953488 58.33333333 50.        ]
 [50.         66.53992395 68.02721088]
 [50.         66.79389313 60.06006006]
 [50.         58.33333333 50.        ]
```

```
 [50.         87.71929825 50.        ]
 [53.76344086 58.33333333 50.        ]
 [55.17241379 58.33333333 78.74015748]
 [57.30659026 66.03773585 74.07407407]]
```

🖹 解答例

プログラム

```
01 np_cost = np.array([40000, 35000, 20000])
02 print(np.divide(np_cost, np_price)*100)
```

01 変数np_costに、原価の値を格納したリスト「40000, 35000, 20000」をNumPy配列に変換して代入する。

02 変数np_costの要素を変数np_priceの要素で割り算した結果を、数値「100」で掛け算した結果を表示する。

実習問題②

- 概要 ：家電販売店の売れ筋商品である商品A・商品B・商品Cの1年分の売上実績のデータを使って、以下の売上目標を達成しているかどうか、達成していれば何月の何週目に達成しているかを求めましょう。

  ・商品Aの売上目標：1500個
  ・商品Bの売上目標：2000個
  ・商品Cの売上目標：2500個

- 実習ファイル：Chap3_practice.ipynb、sales.csv、sales_dec.csv

次の流れで、実行結果例となるようなプログラムを作成してください。

プログラム:3-5-2_p1（記述済み）

- sales.csv：3つの店舗の1〜11月までの週単位での売上実績データが格納されている。
  （データ構成：storeID、year、month、week、商品A_sales、商品B_sales、商品C_sales）
- 「sales.csv」を読み込み、変数resに代入する。変数resの要素をすべて表示する。

実行結果例

```
[['101', '2023', '1', '1', '54', '47', '30'], ['102', '2023', '1', '1', '82', '98', '72'], ['103', '2023',
'1', '1', '62', '69', '48'], ['101', '2023', '1', '2', '42', '44', '36'], ['102', '2023', '1', '2', '82', '9
4', '76'], ['103', '2023', '1', '2', '62', '75', '54'], ['101', '2023', '1', '3', '42', '49', '36'], ['102',
'2023', '1', '3', '82', '84', '88'], ['103', '2023', '1', '3', '60', '70', '52'], ['101', '2023', '1', '4', '4
0', '47', '41'], ['102', '2023', '1', '4', '84', '86', '70'], ['103', '2023', '1', '4', '62', '66', '56'], ['1
01', '2023', '1', '5', '37', '47', '37'], ['102', '2023', '1', '5', '82', '74', '92'], ['103', '2023', '1',
'5', '56', '63', '62'], ['101', '2023', '2', '1', '35', '37', '34'], ['102', '2023', '2', '1', '62', '76', '6
8'], ['103', '2023', '2', '1', '52', '64', '45'], ['101', '2023', '2', '2', '37', '46', '32'], ['102', '2023',
'2', '2', '60', '72', '72'], ['103', '2023', '2', '2', '57', '56', '52'], ['101', '2023', '2', '3', '36', '4
1', '37'], ['102', '2023', '2', '3', '68', '66', '66'], ['103', '2023', '2', '3', '48', '57', '42'], ['101',
['103', '2023', '10', '5', '78', '44', ... 2023', ... '32', '35' ], ['102', 20..
0', '5', '56', '84', '58'], ['103', '2023', '10', '5', '54', '64', '40'], ['101', '2023', '11', '1', '33', '4
2', '32'], ['102', '2023', '11', '1', '64', '82', '64'], ['103', '2023', '11', '1', '54', '70', '48'], ['101',
'2023', '11', '2', '35', '34', '36'], ['102', '2023', '11', '2', '66', '64', '68'], ['103', '2023', '11', '2',
'56', '62', '46'], ['101', '2023', '11', '3', '33', '40', '30'], ['102', '2023', '11', '3', '64', '74', '62'],
['103', '2023', '11', '3', '52', '70', '48'], ['101', '2023', '11', '4', '42', '42', '31'], ['102', '2023', '1
1', '4', '70', '82', '54'], ['103', '2023', '11', '4', '54', '62', '48']]
```

📋 解答例

```
01  import csv
02
03  with open("sales.csv", "r") as f:
04      reader = csv.reader(f)
05      res = [i for i in reader]
06  print(res)
```

01 csvモジュールをインポートする。

02

03 ファイル「sales.csv」をモード「r」で開き、変数fに代入する。

04 　　変数fの値をiterator型に変換した結果を、変数readerに代入する。

05 　　変数readerの要素を変数iに1行ずつ取り出して、変数resに代入する。

06 変数resの要素をすべて表示する

⚫ プログラム:3-5-2_p2

- **NumPy をインポートする。**
- **変数np_salesに、変数resの要素のデータ型を「int32」に指定し、NumPy配列に変換して代入する。**
- **変数np_salesの要素のすべてを、変数np_salesのデータ型を、変数np_salesの要素のデータ型を表示する。**

```
[[ 101 2023    1 ...   54   47   30]
 [ 102 2023    1 ...   82   98   72]
 [ 103 2023    1 ...   62   69   48]
 ...
 [ 101 2023   11 ...   42   42   31]
 [ 102 2023   11 ...   70   82   54]
 [ 103 2023   11 ...   54   62   48]]
<class 'numpy.ndarray'>
int32
```

📋 解答例

```
01  import numpy as np
02
03  np_sales = np.array(res, dtype="int32")
04  print(np_sales)
05  print(type(np_sales))
06  print(np_sales.dtype)
```

numpyモジュールにnpと別名を付けてインポートする。

02

03 変数np_salesに、変数resの要素のデータ型を「int32」に指定し、NumPy配列に変換して代入する。

04 変数np_salesの要素をすべて表示する。

05 変数np_salesのデータ型を表示する。

06 変数np_salesの要素のデータ型を表示する。

プログラム:3-5-2_p3（記述済み）

- sales_dec.csv：3つの店舗の12月の週単位での売上実績データが格納されている。

  （データ構成：storeID、year、month、week、商品A_sales、商品B_sales、商品C_sales）

- 「sales_dec.csv」を読み込み、変数resに代入する。変数resの要素をすべて表示する。

実行結果例

```
[['101', '2023', '12', '1', '38', '52', '34'], ['102', '2023', '12', '1', '92', '84', '74'], ['103', '2023',
'12', '1', '62', '72', '56'], ['101', '2023', '12', '2', '40', '50', '36'], ['102', '2023', '12', '2', '76',
'96', '80'], ['103', '2023', '12', '2', '64', '57', '48'], ['101', '2023', '12', '3', '43', '43', '38'], ['10
2', '2023', '12', '3', '92', '112', '74'], ['103', '2023', '12', '3', '57', '66', '74'], ['101', '2023', '12',
'4', '38', '52', '35'], ['102', '2023', '12', '4', '94', '84', '82'], ['103', '2023', '12', '4', '63', '64',
'48']]
```

解答例

プログラム

```
01  with open("sales_dec.csv", "r") as f:
02      reader = csv.reader(f)
03      res = [i for i in reader]
04  print(res)
```

解説

01 ファイル「sales_dec.csv」をモード「r」で開き、変数fに代入する。

02 　　変数fの値をiterator型に変換した結果を、変数readerに代入する。

03 　　変数readerの要素を変数iに1行ずつ取り出して、変数resに代入する。

04 変数resの要素をすべて表示する。

プログラム:3-5-2_p4

- 変数np_sales_decに、変数resの要素のデータ型を「int32」に指定し、NumPy配列に変換して代入する。

- 変数np_sales_decの要素のすべてを、変数np_sales_decのデータ型を、変数np_sales_decの要素のデータ型を表示する。

```
[[ 101 2023   12   1   38   52   34]
 [ 102 2023   12   1   92   84   74]
 [ 103 2023   12   1   62   72   56]
 [ 101 2023   12   2   40   50   36]
```
```
 [ 101 2023   12   4   38   52   35]
 [ 102 2023   12   4   94   84   82]
 [ 103 2023   12   4   63   64   48]]
<class 'numpy.ndarray'>
int32
```

解答例

プログラム

```
01  np_sales_dec = np.array(res, dtype="int32")
02  print(np_sales_dec)
03  print(type(np_sales_dec))
04  print(np_sales_dec.dtype)
```

解説

01 変数np_sales_decに、変数resの要素のデータ型を「int32」に指定し、NumPy配列に変換して代入する。

02 変数np_sales_decの要素をすべて表示する。

03 変数np_sales_decのデータ型を表示する。

04 変数np_sales_decの要素のデータ型を表示する。

プログラム:3-5-2_p5

- 変数np_sales_merge に、変数np_sales の要素と変数np_sales_dec の要素を縦方向で結合した結果を代入する。
- 変数np_sales_merge の要素のすべてを表示する。

実行結果例

```
[[ 101 2023    1 ...   54   47   30]
 [ 102 2023    1 ...   82   98   72]
 [ 103 2023    1 ...   62   69   48]
 ...
 [ 101 2023   12 ...   38   52   35]
 [ 102 2023   12 ...   94   84   82]
 [ 103 2023   12 ...   63   64   48]]
```

解答例

プログラム

```
01  np_sales_merge = np.vstack((np_sales, np_sales_dec))
02  print(np_sales_merge)
```

01 変数np_sales_mergeに、変数np_salesの要素と変数np_sales_decの要素を縦方向で結合した結果を代入する。

02 変数np_sales_mergeの要素をすべて表示する。

プログラム:3-5-2_p6

- 変数np_sales_mergeの要素から、「101」の要素に対応する行の要素番号を取り出して、変数np_target_indexに代入する。なお、np.where関数の条件に指定するNumPy配列が2次元の場合、「[0]」と指定すると条件に一致する行の要素番号を返し、「[1]」と指定すると条件に一致するその行内の列の要素番号を返す。
- 変数np_sales_mergeの要素から、変数np_target_indexの行の要素番号に対応するすべての列の要素を取り出して、変数np_sales_101に代入する。
- 変数np_sales_101の要素をすべて表示する。

実行結果例

```
[[ 101 2023    1    1   54   47   30]
 [ 101 2023    1    2   42   44   36]
 [ 101 2023    1    3   42   49   36]

 [ 101 2023   12    2   40   50   36]
 [ 101 2023   12    3   43   43   38]
 [ 101 2023   12    4   38   52   35]]
```

解答例

プログラム

```
01  np_target_index = np.where(np_sales_merge == 101)[0]
02  np_sales_101 = np_sales_merge[np_target_index]
03  print(np_sales_101)
```

解説

01 変数np_sales_mergeの要素から、「101」の要素に対応する行の要素番号を取り出して、変数np_target_indexに代入する。

02 変数np_sales_mergeの要素から、変数np_target_indexの行の要素番号に対応するすべての列の要素を取り出して、変数np_sales_101に代入する。

03 変数np_sales_101の要素をすべて表示する。

プログラム:3-5-2_p7

- 変数np_sales_onlyに、変数np_sales_101の要素から売上情報のみ（行はすべて、列は4番目以降のすべて）を取り出して代入する。
- 変数np_sales_onlyの要素をすべて表示する。

```
[[54 47 30]
 [42 44 36]
 [42 49 36]
 [40 47 41]
```

```
 [40 50 36]
 [43 43 38]
 [38 52 35]]
```

解答例

プログラム

```
01  np_sales_only = np_sales_101[:, 4:]
02  print(np_sales_only)
```

解説

01 変数np_sales_onlyに、変数np_sales_101の要素から、行はすべて、列は4番目から最後までを取り出して代入する。

02 変数np_sales_onlyの要素をすべて表示する。

● プログラム:3-5-2_p8

- 変数 np_sales_cumsum に、変数 np_sales_only の要素の列ごとに累積和を求めた結果を代入する。
- 変数 np_sales_cumsum の要素をすべて表示する。

実行結果例

```
[[  54   47   30]
 [  96   91   66]
 [ 138  140  102]
 [ 178  187  143]
 [ 215  ...
```

```
 [1915 2143 1676]
 [1955 2193 1712]
 [1998 2236 1750]
 [2036 2288 1785]]
```

解答例

プログラム

```
01  np_sales_cumsum = np.cumsum(np_sales_only, axis=0)
02  print(np_sales_cumsum)
```

解説

01 変数np_sales_cumsumに、変数np_sales_onlyの要素の列ごとに累積和を求めた結果を代入する。

02 変数np_sales_cumsumの要素をすべて表示する。

プログラム:3-5-2_p9

- 変数np_sales_101に、変数np_sales_101の要素と変数np_sales_cumsumの要素を横方向で結合した結果を代入する。
- 変数np_sales_101の要素をすべて表示する。

実行結果例

```
[[ 101 2023    1    1   54   47   30   54   47   30]
 [ 101 2023    1    2   42   44   36   96   91   66]
 [ 101 2023    1    3   42   49   36  138  140  102]
 [ 101 2023    1    4   40   47   41  178  187  143]

 [ 101 2023   11        42   51       2091 1642]
 [ 101 2023   12    1   38   52   34 1915 2143 1676]
 [ 101 2023   12    2   40   50   36 1955 2193 1712]
 [ 101 2023   12    3   43   43   38 1998 2236 1750]
 [ 101 2023   12    4   38   52   35 2036 2288 1785]]
```

解答例

プログラム

```
01  np_sales_101 = np.hstack((np_sales_101, np_sales_cumsum))
02  print(np_sales_101)
```

解説

01 変数np_sales_101に、変数np_sales_101の要素と変数np_sales_cumsumの要素を横方向で結合した結果を代入する。
02 変数np_sales_101の要素をすべて表示する。

売上情報を確認する

表示された変数np_sales_101の要素を確認し、以下の売上目標を達成しているかどうか、達成していれば何月の何週目に達成しているかを求める。

- **商品Aの売上目標:1500個**
- **商品Bの売上目標:2000個**
- **商品Cの売上目標:2500個**

解答例

- **商品Aの売上目標:1500個** --> 達成、9月の3週目に達成(1507個になっているため)
- **商品Bの売上目標:2000個** --> 達成、11月の2週目に達成(2009個になっているため)
- **商品Cの売上目標:2500個** --> 未達成(最終が1785個のため)

第 **4** 章

データの加工と
集計を行う

4-1 Pandas の概要

データ分析の前処理として、元となるデータを分析しやすい形に加工したり集計したりする必要があります。Pythonでデータの加工や集計に便利なライブラリがPandasです。ここでは、Pandasの概要について説明します。

4-1-1 データを分析するまでの流れ

　データを分析する際、収集した直後の生データ（ローデータ）はほとんどの場合、データ分析に使うことができません。ローデータは、分析に必要ないデータを含んでいたり、分析したい値が計算されていなかったりするためです。そのため、読み込んだローデータは、分析できる状態になるまで**加工**と**集計**を行う必要があります。

　また、想定した結果を一度の分析で得ることは困難です。想定どおりの結果を得るには、加工と集計を何度も繰り返す必要があります。

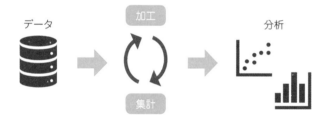

　例えば、従業員の所属部や残業時間などをすべて記録したデータがあるとします。何万件とデータがある場合、その中から必要なデータだけをひとつひとつ確認していくことは現実的ではありません。また、列ごとにどのような形式で値が入っているのかを把握するのも困難です。

従業員ID	等級	性別	所属本部	所属部	残業時間	評価点
10304	1	男	管理本部	情報システム部	6.2	28
10342	2	女	管理本部	営業部	8.0	33
10831	2	男	管理本部	総務部	NaN	39
10578	2	男	管理本部	情報システム部	7.8	28
10991	2	男	管理本部	営業部	9.9	27
…	…	…	…	…	…	…

各従業員の全人事データ

・データに誤りがある
・所属部ごとなどでまとめたデータがない

⬇

 例：誤ったデータを修正する

集計 例：所属部ごとに残業時間の平均値を算出する

　そこで、データの加工や集計を繰り返し、分析しやすい形を探ります。例えば、加工では誤ったデータを修正したり、集計では所属部ごとに残業時間の平均値を求めたりします。

4-1-2 Pandasとは

Pandasは、Pythonを使って表形式のデータを取り扱うためのライブラリです。NumPyの数値計算機能と連携しており、データの抽出や加工、集計など、分析するうえで必要な数値計算や処理を実行できます。

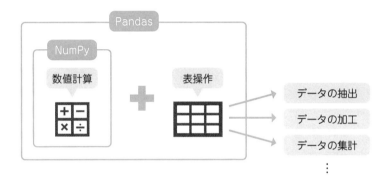

具体的には、次のようなファイル操作やデータ加工、集計が行えます。本章では、これらを1つずつ解説していきます。

- 分析のための専用のデータ形式（データフレーム）の作成
- CSVファイルなどからのデータ読み込み、書き込み
- 必要なデータの抽出
- データの検索や並べ替え
- 行や列の追加、削除
- データの加工（結合、整形、変数作成など）
- データの集計（合計、平均など）
- データのグループ化
- ピボットテーブルによる集計

Pandasでデータ加工や集計を行った結果は、Matplotlibでグラフを作って、視覚的にわかりやすく表現するよ。

4-2 データフレームの扱い

Pandasでは、加工や集計の対象となるデータを、データフレームという形式で扱います。実際にデータの加工や集計を行う前に、まずはデータフレームの基本的な扱いについて学んでいきましょう。

データフレームの作成

データフレームとは、行と列からなる表形式のデータ型です。一般的には、分析対象のデータをデータフレームという形式で扱います。データフレームは、PandasのDataFrameクラスのインスタンス（オブジェクト）です。

なお、本書ではPandasをインポートする際に「pd」とエイリアスを付けるため、pandas.DataFrameクラスは**pd.DataFrame**で呼び出せます。以降も、pandasは「pd」と表記します。

データフレームの作成

PandasのDataFrameクラスを使用します。引数にはNumPy配列や辞書を指定します。

構文	データフレーム = pd.DataFrame(NumPy 配列または辞書またはリスト)

例：変数dfに、NumPy配列の要素をデータフレームに変換して代入する。

```
df = pd.DataFrame(np.array([[1, 2], [3, 4]]))
```

例：変数dfに、辞書型の要素をデータフレームに変換して代入する。

```
df = pd.DataFrame({"従業員ID": ["10301", "10343", "10832", "10587"],
                   "所属部": ["営業部", "開発部", "開発部", "営業部"],
                   "残業時間": [20.1, 9.6, 58.7, 40.2]})
```

データフレームは、個々のデータのほかに、行や列の情報を持ちます。行は**インデックス**、列は**カラム**や**ヘッダー**ともいいます。行と列には、0から始まる数字が割り振られる（これを行番号や列番号といいます）ため、番号でデータを抽出できます。また、任意に列名を設定することができ、その設定した列名を指定してデータを抽出できます。

列

	従業員ID	所属部	残業時間
0	10301	営業部	20.1
1	10343	開発部	9.6
2	10832	開発部	58.7
3	10587	営業部	40.2

列名

行

行番号

　作成したデータフレームの情報を確認するには、次のようなインスタンス変数やPython標準の関数を使用します。

データフレームの情報を確認する方法

インスタンス変数や関数	意味
len(データフレーム)	データフレームの行数　※Pythonの標準関数
データフレーム.shape	データフレームの行数と列数
データフレーム.columns	データフレームの列名または列番号
データフレーム.index	データフレームの行番号
データフレーム.dtypes	データフレームのデータ型

👍 実践してみよう

はじめに、Pandasのインポートを行います。

📄 構文の使用例

プログラム：4-2-1_1

```
01  import pandas as pd
```

解説

```
01  pandasモジュールにpdと別名を付けてインポートする。
```

　Ctrl + Enter または Shift + Enter を押して実行します。実行すると、セルの下には何も表示されず、セルの横にある [ ] 内に実行したことを表す数字が表示されます。その状態で、以降のプログラムを実行してください。

辞書型のデータをデータフレームに変換し、表示します。

```
01  data = {"従業員ID": ["10301", "10343", "10832", "10587"],
02          "所属部": ["営業部", "開発部", "開発部", "営業部"],
03          "残業時間": [20.1, 9.6, 58.7, 40.2]}
04  df = pd.DataFrame(data)
05  df
```

解説

01 変数dataに、「"従業員ID": ["10301", "10343", "10832", "10587"]」「"所属部": ["営業部", "開発部", "開発部", "営業部"]」「"残業時間": [20.1, 9.6, 58.7, 40.2]」の組合せを要素する辞書を代入する。

04 変数dfに、変数dataの要素をデータフレームに変換して代入する。

05 変数dfのデータフレームを表示する。

実行結果

	従業員ID	所属部	残業時間
0	10301	営業部	20.1
1	10343	開発部	9.6
2	10832	開発部	58.7
3	10587	営業部	40.2

データフレームの情報を表示します。

```
01  print(df.shape)
02  print(len(df))
03  print(df.columns)
04  print(df.index)
05  print(df.dtypes)
```

解説

01 変数dfの行数と列数を表示する。

02 変数dfの行数を表示する。

03 変数dfの列名を表示する。

04 変数dfの行番号を表示する。

05 変数dfのデータ型を表示する。

```
(4, 3)
4
Index(['従業員ID', '所属部', '残業時間'], dtype='object')
RangeIndex(start=0, stop=4, step=1)
従業員ID      object
所属部        object
残業時間       float64
dtype: object
```

インスタンス変数「index」で表示される「RangeIndex(start=0, stop=4, step=1)」は、「開始の行番号が0、最後の行番号が3（=4-1）で、1ずつ増えていく」ことを表しています。

データ型の表示は、それぞれの列のデータ型が表示されたあと、最後にデータフレーム自体のデータ型が表示されるよ。

Reference

すべての列名の変更

すべての列名を変更するには、インスタンス変数「columns」に対して新たな列名を代入します。次のプログラムでは、列名を「従業員ID」「所属部」「残業時間」から、「社員ID」「所属部署」「超過労働時間」に変更しています。

プログラム：4-2-1_r1

```
01  df.columns = ["社員ID", "所属部署", "超過労働時間"]
02  df
```

実行結果

	社員ID	所属部署	超過労働時間
0	10301	営業部	20.1
1	10343	開発部	9.6
2	10832	開発部	58.7
3	10587	営業部	40.2

一部の列名の変更

一部の列名を変更するには、renameメソッドの引数としてcolumnsと変更対象の列名を指定し、新たな列名を代入します。次のプログラムでは、列名を「社員ID」から「EmployeeID」に変更しています。

プログラム：4-2-1_r2

```
01  df = df.rename(columns={"社員ID": "EmployeeID"})
02  df
```

実行結果

	EmployeeID	所属部署	超過労働時間
0	10301	営業部	20.1
1	10343	開発部	9.6
2	10832	開発部	58.7
3	10587	営業部	40.2

4-2-2 ファイルの読み書き

Pandasには、CSVファイルを直接データフレームとして読み込んだり、CSVファイルに書き込んだりする関数やメソッドがあります。

ファイルの読み書き

CSVファイルを読み込んでデータフレームを作成するには、read_csv関数を使用します。また、CSVファイルに書き込むにはto_csvメソッドを使用します。

構文
```
データフレーム = pd.read_csv("CSV ファイル名 ")
データフレーム .to_csv("CSV ファイル名 ")
```

例：CSVファイル「demo01.csv」を読み込み、作成したデータフレームを変数dfに代入する。

```
df = pd.read_csv("demo01.csv")
```

例：変数dfのデータフレームをCSVファイル「out.csv」に書き込む。

```
df.to_csv("out.csv")
```

read_csv関数やto_csvメソッドは、次のようなキーワード引数（名前を指定する引数）を指定できます。引数headerは、read_csv関数とto_csvメソッドの両方にありますが、指定する値が異なります。また、引数indexはto_csvメソッドのみ、引数dtypeはread_csv関数のみで使用できます。

read_csvとto_csvの代表的なキーワード引数　※○：利用可能　−：利用不可

キーワード引数	概要	read_csv	to_csv
sep= "区切り文字"	区切り文字の指定。例えばタブ区切りなら「\t」を指定。デフォルトは「,」（カンマ）。	○	○
encoding= "文字コード名"	文字コードの指定。Shift-JISなら「shift_jis」、UTF-8なら「utf8」を指定。デフォルトは「utf8」。	○	○
header= 0以上の整数 またはNone	ファイルを読み込む際、ヘッダーに使用する行を指定。「0」は、最初の行（1行目）をヘッダーに指定し、2行目以降をデータとして読み込む。「1」以上は、引数の値に1を足した行をヘッダーに指定し（「1」は2行目をヘッダーに指定）、ヘッダーに指定した次の行からデータとして読み込む。「None」はヘッダーがない場合に指定し、1行目からデータとして読み込む。省略した場合は1行目のヘッダーの有無が自動的に推論される。	○	−
header= TrueまたはFalse	ファイルを書き込む際、ヘッダーを書き込むかどうかを指定。「True」を指定または省略した場合は1行目にヘッダーを書き込み、「False」を指定した場合は1行目にヘッダーを書き込まない。	−	○
index= TrueまたはFalse	行番号の出力有無の指定。行番号を書き込む場合は「True」を指定し、書き込まない場合は「False」を指定する。	−	○
dtype= "データ型"	データ型の指定。ファイルを読み込む際に、作成するデータフレームの列のデータ型を指定する。	○	−

👍 実践してみよう

CSVファイル「demo4-2_rcpt.csv」を読み込んで、データフレームを作成します。その際、データ型をobject型に指定します。ここでは、15044件のデータが読み込まれます。

📄 構文の使用例

プログラム：4-2-2_1
```
01  df_rcpt = pd.read_csv("demo4-2_rcpt.csv", dtype="object")
02  df_rcpt
```

解説
01 CSVファイル「demo4-2_rcpt.csv」を、データ型にobject型を指定して読み込み、作成したデータフレームを変数df_rcptに代入する。
02 変数df_rcptのデータフレームを表示する。

4

データの加工と集計を行う

	レシートNo	年度	年月日時	曜日	商品大分類	商品小分類	商品名	商品単価	数量	店舗	顧客コード
0	536342	2022年度	2023/03/30 17:28	03_火曜日	果物	生鮮果物	なし	156	2	鎌風西店	13418
1	536390	2023年度	2023/04/01 10:19	04_水曜日	果物	生鮮果物	ぶどう	619	40	鎌風北店	10882
2	536396	2023年度	2023/04/01 10:51	04_水曜日	魚介類	他の魚介加工品	魚介のつくだ煮	531	6	鎌風東店	10031
3	536396	2023年度	2023/04/01 10:51	04_水曜日	野菜・海藻	生鮮野菜	だいこん	133	6	鎌風東店	10031
15042	562031	2023年度	2023/11/30 17:37	02_月曜日	魚介類	生鮮魚介	さしみ盛合わせ	1063	1	鎌風北店	13418
15043	562031	2023年度	2023/11/30 17:37	02_月曜日	魚介類	魚肉練製品	ちくわ	81	12	鎌風北店	13418

15044 rows × 11 columns

CSVファイルを読み込む際に、データ型をobject型に指定する理由については、P.111で説明するよ。

キーワード引数で書き込み方を指定し、データフレームの内容をCSVファイル「out.csv」に書き込みます。ここでは、15044件のデータが書き込まれます。

プログラム：4-2-2_2

```
01  df_rcpt.to_csv("out.csv", sep="\t", encoding="shift_jis", header=False, index=False)
```

解説

01 変数df_rcptのデータフレームを、区切り文字をタブ、エンコードをShift-JIS、列名をなし、行番号をなしに指定して、ファイル「out.csv」に書き込む。

実行後、CSVファイル「out.csv」を開くと、次のような内容が書き込まれています。

CSVファイル：out.csv

536342	2022年度	2023/03/30 17:28	03_火曜日	果物	生鮮果物	なし	156 2	鎌
風西店	13418							
536390	2023年度	2023/04/01 10:19	04_水曜日	果物	生鮮果物	ぶどう	619 40	鎌
風北店	10882							
536396	2023年度	2023/04/01 10:51	04_水曜日	魚介類	他の魚介加工品	魚介のつくだ煮		
531 6	鎌風東店	10031						

⋮

キーワード引数を指定したことで、ヘッダーや行番号が書き込まれていないことがわかるね。

データ型の変換

データフレームの各列のデータは、それぞれデータ型を持ちます。データ型を変換したい場合は、**astypeメソッド**を使用します。

データ型の変換

データフレームからastypeメソッドを呼び出して、戻り値をデータフレームに代入します。astypeメソッドには、変換したいデータ型を引数で指定します。

構文	データフレーム [" 列名 "] = データフレーム [" 列名 "].astype(データ型)

例：変数dfの列「レシートNo」のデータ型をobject型に変換し、変数dfの列「レシートNo」に代入する。

```
df["レシートNo"] = df["レシートNo"].astype(object)
```

ファイルを読み込んでデータフレームを作成した場合、各列のデータ型はデータの形式によって自動的に決まります。例えば「レシートNo」のように数値だけで構成されている列は、自動的にint64型になります。

しかし、本来「レシートNo」は個々の会計を識別するためのデータで、計算されることを想定していません。int64型は数値計算が可能ですが、「レシートNo」の値を計算しても、意味のない計算結果になってしまいます。集計 (P.138) のときなどに意図せず数値計算が行われないようにするため、object型などに変換する必要があります。同様に「顧客コード」の値も計算されることを想定していません。

実践してみよう

P.107と同じCSVファイル「demo4-2_rcpt.csv」を再び読み込んで、データフレームを作成して変数df_rcptに代入します。15044件のデータが読み込まれます。そのあとに、変数df_rcptのデータ型を表示します。なお、今回はCSVファイルを読み込む際に、キーワード引数「dtype="object"」を指定していません。

📋 構文の使用例

プログラム：4-2-3_1

```
01  df_rcpt = pd.read_csv("demo4-2_rcpt.csv")
02  print(df_rcpt.shape)
03  print(df_rcpt.dtypes)
```

01 CSVファイル「demo4-2_rcpt.csv」を読み込み、作成したデータフレームを変数df_rcptに代入する。

02 変数df_rcptの行数と列数を表示する。

03 変数df_rcptのデータ型を表示する。

実行結果

```
(15044, 11)
レシートNo      int64
年度          object
年月日時       object
曜日          object
商品大分類      object
商品小分類      object
商品名        object
商品単価       int64
数量          int64
店舗          object
顧客コード      int64
dtype: object
```

データが数値の列がint64型になっている

列「レシートNo」と列「顧客コード」がint64型になっているため、object型に変換します。

プログラム：4-2-3_2

```
01 df_rcpt["レシートNo"] = df_rcpt["レシートNo"].astype(object)
02 df_rcpt["顧客コード"] = df_rcpt["顧客コード"].astype(object)
03 df_rcpt.dtypes
```

解説

01 変数df_rcptの列「レシートNo」のデータ型をobject型に変換し、変数df_rcptの列「レシートNo」に代入する。

02 変数df_rcptの列「顧客コード」のデータ型をobject型に変換し、変数df_rcptの列「顧客コード」に代入する。

03 変数df_rcptのデータ型を表示する。

実行結果

```
レシートNo      object
年度          object
年月日時       object
曜日          object
商品大分類      object
商品小分類      object
商品名        object
商品単価       int64
数量          int64
店舗          object
顧客コード      object
dtype: object
```

object型に変換された

astypeメソッドにより、列「レシートNo」と列「顧客コード」のデータ型がobject型に変換されました。

read_csvメソッドでファイルを読み込む際、引数dtypeは省略できますが、特別な理由がない限りobject型を指定するようにするとよいでしょう。先述のとおり、自動的にデータ型が指定されると、集計時に意図せず計算されてしまう可能性があります。そのため、引数dtypeでobject型を指定しておき（P.107参照）、数値計算を行いたい列のみ、あとからint64型やfloat64型などに変換すると、想定した結果が得やすくなります。

> 複数の列のデータ型を変換したい場合は、次のようにリストで列名を並べて指定することもできるよ。

```
df_rcpt[["レシートNo", "顧客コード"]] = df_rcpt[["レシートNo", "顧客コード"]].astype(object)
```

Reference

データフレームの一部の要素を上書きする場合の注意点

データ型の変更など、データフレームの一部の要素を変更して上書きしてしまうと、元に戻すことができません。そのため、上書きする前の情報を保持したい場合は、copyメソッドによるデータフレームのコピーが必要となります。次のプログラムでは、変数df_rcptのデータフレームを、変数df_copyにコピーしています。

プログラム：4-2-3_r1

```
01  df_copy = df_rcpt.copy()
02  df_copy
```

実行結果

	レシートNo	年度	年月日時	曜日	商品大分類	商品小分類	商品名	商品単価	数量	店舗	顧客コード
0	536342	2022年度	2023/03/30 17:28	03_火曜日	果物	生鮮果物	なし	156	2	鎌風西店	13418
1	536390	2023年度	2023/04/01 10:19	04_水曜日	果物	生鮮果物	ぶどう	619	40	鎌風北店	10882
2	536396	2023年度	2023/04/01 10:51	04_水曜日	魚介類	他の魚介加工品	魚介のつくだ煮	531	6	鎌風東店	10031
3	536396	2023年度	2023/04/01 10:51	04_水曜日	野菜・海藻	生鮮野菜	だいこん	133	6	鎌風東店	10031
4	536396	2023年度	2023/04/01 10:51	04_水曜日	乳卵類	卵	卵	319	6	鎌風東店	10031
15041	562031	2023年度	2023/11/30 17:37	02_月曜日	魚介類	生鮮魚介	しじみ	260	2	鎌風北店	13418
15042	562031	2023年度	2023/11/30 17:37	02_月曜日	魚介類	生鮮魚介	さしみ盛合わせ	1063	1	鎌風北店	13418
15043	562031	2023年度	2023/11/30 17:37	02_月曜日	魚介類	魚肉練製品	ちくわ	81	12	鎌風北店	13418

15044 rows × 11 columns

copyメソッドを使用せず、「df_copy = df_rcpt」のようにそのまま代入してしまうと、データフレームはコピーされないため、2つの変数に同じデータフレームが格納されてしまいます。例えば、片方のデータフレームで列を削除すると、もう一方のデータフレームからも列が削除されてしまうため、注意しましょう。

4-2-4 データの抽出

　読み込んだデータが正しく読み込まれているかを確認する際や、データの一部だけを分析の対象にする際などには、データの抽出を行います。データフレームからデータを抽出する方法としては、指定した行数のみを取り出す方法や、特定のデータが格納された行のみを取り出す方法などがあります。

データの抽出

データフレームの先頭または末尾から指定した行数を抽出する場合、headメソッドまたはtailメソッドを使用します。行数を指定しない場合のデフォルト値は5です。また、ilocメソッドやlocメソッドで、指定した行や列のデータを抽出できます。なお、ilocメソッドとlocメソッドの違いは、locメソッドでは列名の指定ができることです。すべての行または列を抽出する場合は「:」を指定します。

> **構文**
> データフレーム .head(行数)
> データフレーム .tail(行数)
> データフレーム .iloc[行番号 , 列番号]
> データフレーム .loc[行番号 , " 列名 "]

例：変数dfの先頭5行のデータを抽出する。

```
df.head()
```

例：変数dfの末尾3行のデータを抽出する。

```
df.tail(3)
```

例：変数dfから、すべての行の列番号2のデータを抽出する。

```
df.iloc(:, 2)
```

例：変数dfから、行番号0の列「レシートNo」のデータを抽出する。

```
df.loc(0, "レシートNo")
```

　なお、連続する複数のデータを抽出する場合、列番号や行番号は「開始番号:終了番号」と指定します。行と列の番号は0から始まるため、例えば1行目から5行目を取得したい場合は「0:5」と指定します。なお、終了の行番号や列番号は「終了番号−1」までを抽出します。

> 行番号や列番号を指定して抽出するときは、番号の指定間違いに気を付けよう。

112

P.109でCSVファイルから読み込んだ変数df_rcptのデータフレームを流用し、先頭5行のデータを抽出します。

構文の使用例

プログラム：4-2-4_1

```
01  df_rcpt.head()
```

解説

01 変数df_rcptの先頭5行のデータを抽出する。

実行結果

	レシートNo	年度	年月日時	曜日	商品大分類	商品小分類	商品名	商品単価	数量	店舗	顧客コード
0	536342	2022年度	2023/03/30 17:28	03_火曜日	果物	生鮮果物	なし	156	2	鎌風西店	13418
1	536390	2023年度	2023/04/01 10:19	04_水曜日	果物	生鮮果物	ぶどう	619	40	鎌風北店	10882
2	536396	2023年度	2023/04/01 10:51	04_水曜日	魚介類	他の魚介加工品	魚介のつくだ煮	531	6	鎌風東店	10031
3	536396	2023年度	2023/04/01 10:51	04_水曜日	野菜・海藻	生鮮野菜	だいこん	133	6	鎌風東店	10031
4	536396	2023年度	2023/04/01 10:51	04_水曜日	乳卵類	卵	卵	319	6	鎌風東店	10031

データ分析を行う際に、データの読み込み確認ではheadメソッドを利用することはよくあるよ。データを加工したあと、変更内容を確認するときなどに利用するよ。

続いて、変数df_rcptのデータフレームから、末尾3行のデータを抽出します。

プログラム：4-2-4_2

```
01  df_rcpt.tail(3)
```

解説

01 変数df_rcptの末尾3行のデータを抽出する。

実行結果

	レシートNo	年度	年月日時	曜日	商品大分類	商品小分類	商品名	商品単価	数量	店舗	顧客コード
15041	562031	2023年度	2023/11/30 17:37	02_月曜日	魚介類	生鮮魚介	しじみ	260	2	鎌風北店	13418
15042	562031	2023年度	2023/11/30 17:37	02_月曜日	魚介類	生鮮魚介	さしみ盛合わせ	1063	1	鎌風北店	13418
15043	562031	2023年度	2023/11/30 17:37	02_月曜日	魚介類	魚肉練製品	ちくわ	81	12	鎌風北店	13418

次は、すべての行の3列目のデータを抽出します。なお、一番左の列が列番号0になるため、3列目のデータを表示する場合は、列番号2を指定します。

プログラム：4-2-4_3

```
01 df_rcpt.iloc[:, 2]
```

解説

```
01 変数df_rcptから、すべての行の列番号2のデータを抽出する。
```

実行結果

```
0        2023/03/30 17:28
1        2023/04/01 10:19
2        2023/04/01 10:51
3        2023/04/01 10:51
4        2023/04/01 10:51
                ...
15039    2023/11/30 17:37
15040    2023/11/30 17:37
15041    2023/11/30 17:37
15042    2023/11/30 17:37
15043    2023/11/30 17:37
Name: 年月日時, Length: 15044, dtype: object
```

「df_rcpt.loc[:, "年月日時"]」または「df_rcpt["年月日時"]」のように列名を指定しても、同じように指定した列のすべての行のデータを抽出できるよ。

次は、連続しない2行を行番号で指定し、連続する2列を列番号で指定して、データを抽出します。

プログラム：4-2-4_4

```
01 df_rcpt.iloc[[225, 227], 4:6]
```

解説

```
01 変数df_rcptから、行番号225と227の、列番号4〜5のデータを抽出する。
```

実行結果

	商品大分類	商品小分類
225	果物	生鮮果物
227	野菜・海藻	他の野菜・海藻加工品

列番号4は列名「商品大分類」に該当し、列番号5は列名「商品小分類」に該当します。

┌─ Reference ─┐

複数の列を指定したい場合

列の指定では、ilocやlocを使用するほか、「データフレーム ["列名"]」の記述もよく使われます。複数の列を指定する場合、次のように「データフレーム [["列名", "列名"]]」と記述して、列名をリストで指定します。なお、指定した列のすべての行を抽出します。

┌─ プログラム：4-2-4_r1 ─┐
```
01 df_rcpt[["レシートNo", "商品名"]]
```

┌─ 実行結果 ─┐

	レシートNo	商品名
0	536342	なし
1	536390	ぶどう
2	536396	魚介のつくだ煮
3	536396	だいこん
4	536396	卵
15041	562031	しじみ
15042	562031	さしみ盛合わせ
15043	562031	ちくわ

15044 rows × 2 columns

データによっては、列数が多いものもあるんだ。分析に必要な列だけにしぼった方が、データが加工しやすくなるよ。

4-2-5 データの条件抽出と並べ替え

条件抽出とは、任意の検索条件に基づいてデータを抽出することです。条件抽出の結果は、元のデータフレームに代入して値を置換したり、新しいデータフレームに代入したりします。

また、昇順または降順でデータフレームの順番を並べ替えることも可能です。並べ替えには**sort_values**メソッドを使用します。

データの条件抽出と並べ替え

データフレームを条件で抽出する場合は、[ ]の中に検索条件を記載します。

データフレームを並べ替えたい場合、sort_valuesメソッドを使用し、並べ替えの基準となる列名を引数by に指定します（リストで複数の列を指定することも可能）。キーワード引数のascendingでFalseを指定すると降順で並べ替えられます（デフォルトはTrueが指定されたのと同じ昇順です）。

構文	データフレーム [検索条件] データフレーム .sort_values(by=[" 列名 "][, ascending= 真偽値])

例：変数dfから、列「曜日」のデータが「01_日曜日」の行のデータを抽出する。

```
df[(df["曜日"]=="01_日曜日")]
```

例：変数dfから、列「商品名」のデータが「かに」の行の列番号5～9のデータを抽出する。

```
df[df["商品名"]=="かに"].iloc[:, 5:10]
```

例：変数dfのデータを、列「商品単価」が昇順になるように並べ替える。

```
df.sort_values(by=["商品単価"])
```

例：変数dfのデータを、列「商品単価」が降順になるように並べ替える。

```
df.sort_values(by=["商品単価"], ascending=False)
```

例：変数dfのデータを、列「商品単価」、列「数量」の順番で昇順になるように並べ替える。

```
df.sort_values(by=["商品単価", "数量"])
```

　検索条件には、単一の条件だけでなく、複数の条件を指定することもできます。複数の条件を指定する場合は、次のように指定します。

複数の条件の指定方法

演算子	条件式	意味
&	(検索条件1) & (検索条件2)	検索条件1と検索条件2の両方を満たす。
|	(検索条件1) | (検索条件2)	検索条件1と検索条件2のどちらか一方を満たす。

> 複数の検索条件を指定すると、さらに絞り込んでデータを抽出することができるよ。

実践してみよう

　変数df_rcptのデータフレームを流用し、データの条件抽出をします。検索条件として「曜日が日曜日」のデータを指定します。

構文の使用例

```
01  df_rcpt[(df_rcpt["曜日"]=="01_日曜日")]
```

解説

01　変数df_rcptから、列「曜日」のデータが「01_日曜日」の行のデータを抽出する。

実行結果

	レシートNo	年度	年月日時	曜日	商品大分類	商品小分類	商品名	商品単価	数量	店舗	顧客コード
344	537037	2023年度	2023/04/05 10:03	01_日曜日	乳卵類	卵	卵	319	11	鎌風西店	12029
345	537037	2023年度	2023/04/05 10:03	01_日曜日	果物	生鮮果物	ぶどう	619	6	鎌風西店	12029
14959	561900	2023年度	2023/11/29 15:31	01_日曜日	魚介類	生鮮魚介	しじみ	260	3	鎌風北店	11965
14960	561903	2023年度	2023/11/29 16:04	01_日曜日	魚介類	魚肉練製品	ちくわ				

一番下に抽出された行数と列数が表示される

2455 rows × 11 columns

　15044件のデータから、検索条件に一致する2455件が抽出されました。次に、検索条件として「商品単価が1000より大きい」を追加して、複数の検索条件を指定した形で、両方の条件を満たすデータの条件抽出をします。

```
01  df_rcpt[(df_rcpt["曜日"]=="01_日曜日") & (df_rcpt["商品単価"] > 1000)]
```

解説

01　変数df_rcptから、列「曜日」のデータが「01_日曜日」、かつ、列「商品単価」のデータが1000より大きい行のデータを抽出する。

実行結果

	レシートNo	年度	年月日時	曜日	商品大分類	商品小分類	商品名	商品単価	数量	店舗	顧客コード
398	537126	2023年度	2023/04/05 12:13	01_日曜日	魚介類	生鮮魚介	かに	1244	2	鎌風西店	13092
439	537141	2023年度	2023/04/05 12:57	01_日曜日	魚介類	生鮮魚介	さしみ盛合わせ	1063	1	鎌風西店	12647
14453	561074	2023年度	2023/11/22 15:46	01_日曜日	果物	生鮮果物	すいか	1119	2	鎌風北店	11451
14929	561893	2023年度	2023/11/29 14:39	01_日曜日	魚介類	生鮮魚介	かに	1244	2	鎌風西店	11167

91 rows × 11 columns

4

データの加工と集計を行う

15044件のデータから、検索条件に一致する91件が抽出されました。

 よく起きるエラー ··

検索条件の式で指定を間違えた場合は、エラーになります。

実行結果

```
Cell In[12], line 1
    df_rcpt[(df_rcpt["曜日"]="01_日曜日") & (df_rcpt["商品単価"] >1000)]
             ^
SyntaxError: cannot assign to subscript here. Maybe you meant '==' instead of '='?
```

- **エラーの発生場所**：1行目「df_rcpt["曜日"]="01_日曜日"」
- **エラーの意味**　　　：「==」ではなく「=」を指定している。

プログラム：4-2-5_2_e1

```
01  df_rcpt[(df_rcpt["曜日"]="01_日曜日") & (df_rcpt["商品単価"] >1000)]
```

- **対処方法：検索条件の式には「=」ではなく「==」と指定する。**

次に、データフレームのデータを並べ替えます。「商品単価」と「数量」の順番で昇順に並べ替えます。

プログラム：4-2-5_3

```
01  df_rcpt.sort_values(by=["商品単価", "数量"])
```

解説

01　変数df_rcptのデータを、列「商品単価」、列「数量」の順番で昇順になるように並べ替える。

実行結果

	レシートNo	年度	年月日時	曜日	商品大分類	商品小分類	商品名	商品単価	数量	店舗	顧客コード
4464	544676	2023年度	2023/06/23 16:03	03_火曜日	「商品単価」、「数量」の順番で 昇順にデータを並べ替える			15	24	鎌風東店	10979
6391	547721	2023年度	2023/07/24 10:14	06_金曜日				15	24	鎌風北店	13720
10245	554097	2023年度	2023/09/20 13:01	01_日曜日	魚介類	生鮮魚介	かに	1244	6	鎌風西店	12290
14735	561607	2023年度	2023/11/26 12:15	05_木曜日	魚介類	生鮮魚介	かに	1244	6	鎌風西店	12756
12401	557753	2023年度	2023/10/20 13:00	03_火曜日	魚介類	生鮮魚介	かに	1244	8	鎌風北店	13606

15044 rows × 11 columns

● 複数の値に一致するデータを抽出する

　isinメソッドを使うと、複数の値に一致するデータを抽出できます。例えば、列「曜日」のデータが「02_月曜日」～「06_金曜日」に一致する行のデータを抽出する場合、次のように記述します。

```
01 df_rcpt[df_rcpt["曜日"].isin(["02_月曜日", "03_火曜日", "04_水曜日", "05_木曜日", "06_金
   曜日"])]
```

解説

```
01 変数df_rcptから、列「曜日」のデータが「02_月曜日」「03_火曜日」「04_水曜日」「05_木曜日」
   「06_金曜日」の行のデータを抽出する。
```

実行結果

	レシートNo	年度	年月日時	曜日	商品大分類	商品小分類	商品名	商品単価	数量	店舗	顧客コード
0	536342	2022年度	2023/03/30 17:28	03_火曜日	果物	生鮮果物	なし	156	2	鎌風西店	13418
1	536390	2023年度	2023/04/01 10:19	04_水曜日	果物	生鮮果物	ぶどう	619	40	鎌風北店	10882
15042	562031	2023年度	2023/11/30 17:37	02_月曜日	魚介類	生鮮魚介	さしみ盛合わせ	1063	1	鎌風北店	13418
15043	562031	2023年度	2023/11/30 17:37	02_月曜日	魚介類	魚肉練製品	ちくわ	81	12	鎌風北店	13418

12589 rows × 11 columns

15044件のデータから、検索条件に一致する12589件が抽出されました。

値に一致しないデータを抽出する

isinメソッドでは、値に一致しないデータを抽出することもできます。列「曜日」のデータが「01_日曜日」に一致しない行のデータを抽出するには、「~」を使って次のように記述します。

プログラム：4-2-5_5

```
01 df_rcpt[~df_rcpt["曜日"].isin(["01_日曜日"])]
```

解説

```
01 変数df_rcptから、列「曜日」のデータが「01_日曜日」ではない行のデータを抽出する。
```

実行結果

	レシートNo	年度	年月日時	曜日	商品大分類	商品小分類	商品名	商品単価	数量	店舗	顧客コード
0	536342	2022年度	2023/03/30 17:28	03_火曜日	果物	生鮮果物	なし	156	2	鎌風西店	13418
1	536390	2023年度	2023/04/01 10:19	04_水曜日	果物	生鮮果物	ぶどう	619	40	鎌風北店	10882
15042	562031	2023年度	2023/11/30 17:37	02_月曜日	魚介類	生鮮魚介	さしみ盛合わせ	1063	1	鎌風北店	13418
15043	562031	2023年度	2023/11/30 17:37	02_月曜日	魚介類	魚肉練製品	ちくわ	81	12	鎌風北店	13418

12589 rows × 11 columns

15044件のデータから、検索条件に一致する12589件が抽出されました。なお、「07_土曜日」のデータが1件も存在しないので、先ほどと同じ12589件が抽出されます。

4-2-6 行・列の追加と削除

データフレームに行を追加する場合は、**concat関数**を使用します。その際、追加するデータフレームは、元のデータフレームと同じ構造（列名など）である必要があります。

データフレームに列を追加する場合は、「データフレーム ["追加する列名"]」のように指定します。その際、追加するデータフレームが、元のデータフレームと同じ行数であることが求められます。

また、データフレームの行や列を削除する場合は、**dropメソッド**を使用し、キーワード引数のaxisで削除する方向を指定します。

行と列の追加、削除

データフレームに行を追加するには、Pandasのconcat関数を使用し、引数で結合したいデータフレームを指定します。

また、データフレームに列を追加するには、「データフレーム ["追加する列名"]」のように指定し、追加する列のデータを代入します。なお、concat関数では、指定した複数のデータフレームを行方向に結合する際はキーワード引数のaxisに0を、列方向に結合する際はキーワード引数のaxisに1を指定することもできます（指定しない場合のaxisのデフォルト値は0です）。

データフレームの行と列を削除するには、dropメソッドを使用し、行番号や列名を引数で指定します。行番号や列名をリストにすることで、複数の行や列を削除することも可能です。行を削除する際はキーワード引数のaxisに0を、列を削除する際はキーワード引数のaxisに1を指定します。なお、指定しない場合のaxisのデフォルト値は0です。

構文	pd.concat([データフレーム , データフレーム [, …]]) データフレーム [" 追加する列名 "] = 追加するデータ データフレーム .drop(行番号または列名 [, axis=0 または 1])

例：変数dfに、変数dfと変数df_newを行方向に結合したデータフレームを代入する。

```
df = pd.concat([df, df_new])
```

例：変数dfに列「合計金額」を追加し、列「商品単価」と列「数量」を掛けた結果を代入する。

```
df["合計金額"] = df["商品単価"] * df["数量"]
```

例：変数dfに、変数dfから行番号0のデータを削除したデータフレームを代入する。

```
df = df.drop(0)
```

例：変数dfに、変数dfから列「年度」を削除したデータフレームを代入する。

```
df = df.drop("年度", axis=1)
```

データの抽出を行ったあとに連結をする場合は、行番号に注意してください。concat関数は行番号をキーとして連結を行いますが、抽出したデータフレームは行番号が非連続になっていることがあります。この場合、データによっては適切な連結ができない場合もあるため、**reset_index メソッド**を使用します。このメソッドを使用することで、行番号を0から順に振り直し（再割り当て）を行います。

> dropメソッドの引数axisには、0の代わりに文字列"index"、1の代わりに文字列"columns"を指定することもできるよ。

🖐 実践してみよう

　変数df_rcptを流用し、データフレームに行や列の追加、さらに行や列の削除を行います。まずは、CSVファイル「demo4-2_rcpt_dec.csv」から新しく追加するデータを読み込んでデータフレームを作成し、変数df_newに代入します。ここでは、2130件のデータが読み込まれます。

📄 構文の使用例

プログラム：4-2-6_1

```
01  df_new = pd.read_csv("demo4-2_rcpt_dec.csv")
02  df_new[["レシートNo", "顧客コード"]] = df_new[["レシートNo", "顧客コード"]].
    astype(object)
03  df_new
```

解説

01　CSVファイル「demo4-2_rcpt_dec.csv」を読み込み、作成したデータフレームを変数df_newに代入する。

02　変数df_newの列「レシートNo」「顧客コード」のデータ型をobject型に変換し、変数df_newの列「レシートNo」「顧客コード」に代入する。

03　変数df_newのデータフレームを表示する。

実行結果

	レシートNo	年度	年月日時	曜日	商品大分類	商品小分類	商品名	商品単価	数量	店舗	顧客コード
0	562046	2023年度	2023/12/01 10:34	03_火曜日	果物	生鮮果物	りんご	106	12	鎌風東店	10782
1	562046	2023年度	2023/12/01 10:34	03_火曜日	肉類	加工肉	ハム	244	16	鎌風東店	10782
2	562046	2023年度	2023/12/01 10:34	03_火曜日	魚介類	塩干魚介	干しあじ	369	6	鎌風東店	10782
2128	565083	2023年度	2023/12/31 9:19	05_木曜日	果物	生鮮果物	バナナ	104	24	鎌風西店	13920
2129	565083	2023年度	2023/12/31 9:19	05_木曜日	野菜・海藻	生鮮野菜	じゃがいも	263	24	鎌風西店	13920

2130 rows × 11 columns

変数df_rcptのデータフレームに、行を追加します（変数df_newのデータフレームから行を追加）。行番号の振り直し（再割り当て）を行い、そのあとに列「小計」を追加します。

プログラム：4-2-6_2

```
01  df_rcpt = pd.concat([df_rcpt, df_new])
02  df_rcpt = df_rcpt.reset_index(drop=True)
03  df_rcpt["小計"] = df_rcpt["商品単価"] * df_rcpt["数量"]
04  df_rcpt
```

解説

01 変数df_rcptと変数df_newを行方向に連結し、変数df_rcptに代入する。

02 変数df_rcptに、変数df_rcptの行番号を振り直した結果を代入する。

03 変数df_rcptに列「小計」を追加し、「商品単価」と「数量」を掛けた結果を代入する。

04 変数df_rcptのデータフレームを表示する。

実行結果

	レシートNo	年度	年月日時	曜日	商品大分類	商品小分類	商品名	商品単価	数量	店舗	顧客コード	小計
0	536342	2022年度	2023/03/30 17:28	03_火曜日	果物	生鮮果物	なし	156	2	鎌風西店	13418	312
1	536390	2023年度	2023/04/01 10:19	04_水曜日	果物	生鮮果物	ぶどう	619	40	鎌風北店	10882	24760
2	536396	2023年度	2023/04/01 10:51	04_水曜日	魚介類	他の魚介加工品	魚介のつくだ煮	531	6	鎌風東店	10031	3186
17172	565083	2023年度	2023/12/31 9:19	05_木曜日	果物	生鮮果物	バナナ	104	24	鎌風西店	13920	2496
17173	565083	2023年度	2023/12/31 9:19	05_木曜日	野菜・海藻	生鮮野菜	じゃがいも	263	24	鎌風西店	13920	6312

17174 rows × 12 columns

変数df_rcptのデータフレーム（15044件）に、変数df_newのデータフレーム（2130件）が行方向に連結され、変数df_rcptのデータフレームが17174件になります。

 ## よく起きるエラー ・・・・・・・・・・・・・・・・・・・・・・・・・・・・

concatをデータフレームのメソッドとして実行しようとすると、エラーになります。

実行結果

```
---------------------------------------------------------------------
AttributeError                            Traceback (most recent call last)
~\AppData\Local\Temp\ipykernel_1348\1464542190.py in ?()
----> 1 df_rcpt = df_rcpt.concat([df_rcpt, df_new])
      2 df_rcpt = df_rcpt.reset_index(drop=True)
      3 df_rcpt["小計"] = df_rcpt["商品単価"] * df_rcpt["数量"]
      4 df_rcpt

              ):
   6295            return self[name]
-> 6296        return object.__getattribute__(self, name)

AttributeError: 'DataFrame' object has no attribute 'concat'
```

- エラーの発生場所：1行目「df_rcpt.concat」
- エラーの意味　　　：DataFrameクラスにはconcatというメソッドが存在しない。

```
01 df_rcpt = df_rcpt.concat([df_rcpt, df_new])
02 df_rcpt = df_rcpt.reset_index(drop=True)
03 df_rcpt["小計"] = df_rcpt["商品単価"] * df_rcpt["数量"]
04 df_rcpt
```

- 対処方法：Pandasの関数として「pd.concat」のように指定する。

次に、dropメソッドを使って、データフレームの行と列を削除してみましょう。1行目のデータと、列「年度」のデータを削除します。

```
01 df_rcpt = df_rcpt.drop(0)
02 df_rcpt = df_rcpt.drop("年度", axis=1)
03 df_rcpt
```

解説

01 変数df_rcptに、変数df_rcptから行番号0のデータを削除したデータフレームを代入する。

02 変数df_rcptに、変数df_rcptから列「年度」のデータを削除したデータフレームを代入する。

03 変数df_rcptのデータフレームを表示する。

実行結果

	レシートNo	年月日時	曜日	商品大分類	商品小分類	商品名	商品単価	数量	店舗	顧客コード	小計
1	536390	2023/04/01 10:19	04_水曜日	果物	生鮮果物	ぶどう	619	40	鎌風北店	10882	24760
2	536396	2023/04/01 10:51				だ煮	531	6	鎌風東店	10031	3186
3	536396	2023/04/01 10:51				いこん	133	6	鎌風東店	10031	798
4	536396	2023/04/01 10:51	04_水曜日	乳卵類	卵	卵	319	6	鎌風東店	10031	1914
5	536398	2023/04/01 10:52	04_水曜日	魚介類	塩干魚介	干しあじ	369	6	鎌風東店	13128	2214
17171	565225	2023/12/31 19:34	05_木曜日	果物	生鮮果物	りんご	106	32	鎌風北店	13227	3392
17172	565083	2023/12/31 9:19	05_木曜日	果物	生鮮果物	バナナ	104	24	鎌風西店	13920	2496
17173	565083	2023/12/31 9:19	05_木曜日	野菜・海藻	生鮮野菜	じゃがいも	263	24	鎌風西店	13920	6312

行番号0の行のデータと、列「年度」のデータが削除されている

17173 rows × 11 columns

行番号0の行のデータ1件が削除されて17173件になっているね。それに、列「レシートNo」と列「年月日時」の間にあった列「年度」のデータがなくなっているみたいだ。

4-3 データの加工

ここからはより実践的なデータの加工方法について学んでいきましょう。分析したいデータや欲しい結果に応じて、適切な加工方法を選びます。

 ## データの加工方法の分類

データ分析では、前処理となるデータ加工が最も重要です。複数の情報源がある場合、データの形式（形状）が一致していないことがあります。複数の情報源からデータ分析を行うためには、データの形式を一致させる必要があります。また、生データには誤入力や欠損、重複するデータが含まれている場合があります。これらのデータを加工することで、より精度が高いデータ分析を行えます。

データを加工する方法は、主に**結合**、**整形**、**変数作成**の3種類です。

🔵 結合

今まで行ってきた結合は、列や行の形状が一致している状態でした。しかし、情報源が異なる場合、形状が一致しているとは限りません。そこで利用するのが、Pandasのmerge関数です。merge関数は、データの形状が異なっていても、一致するID（キー）を軸にすることで、データを結合できます。

例えば、来店情報と顧客情報（＝一致する顧客IDを軸にする）、試験結果情報と学生情報（＝一致する学生IDを軸にする）など、形状が異なる関連したデータを1つにまとめて分析を行う際に、結合を行います。

整形

ここでは、「そのままの状態では分析の実行ができないデータを加工すること」を整形と表現します。具体的には、次のようなデータの加工が該当します。

整形の例

処理	概要	具体的な処理
データ型の変換	適切なデータ型に変換する。	Pandasのto_datetime関数やastypeメソッドなど（P.130、109）
値の修正	表現を統一する。	抽出したデータの置き換えまたは削除
	欠損値を修正する。	Pandasのfillnaメソッドやdropnaメソッドなど（P.134）
	異常値を修正する。	抽出したデータの置き換えまたは削除
	外れ値を修正する。	抽出したデータの置き換えまたは削除
行列の入れ替え	行列を入れ替える。	NumPyのT属性やtransposeメソッドなど

P.130では、日付を表現できるデータ型への変換について説明するよ。

変数作成

想定する結果を得るには、データをそのまま使うのではなく、様々な変数を作成して分析に利用します。変数作成の代表的な例は、次のとおりです。

変数作成の例

処理	概要	具体的な処理
演算	四則演算の結果やグループ化した結果を変数にする。	四則演算、Pandasのgroupbyメソッド（P.143）
ラベル化	文字列型を変数のラベルに変換する。（例：女性→0、男性→1）	条件抽出したデータの置き換え
離散化	連続しているデータを、連続していないデータ（離散データ）に置き換える。（例：11歳→10代、29歳→20代）	Pandasのcut関数を利用（P.135）

4-3-2 Pandasを使ったデータ加工①
データの結合

来店情報と顧客情報、試験結果情報と学生情報など、異なる情報であるものの、顧客IDや学生IDといった共通のID（キー）を保持しています。共通のIDを持つ情報は形状が異なっていても、**pd.merge関数**で結合することができます。

pd.merge関数を使ったデータの結合

pd.merge関数でデータを結合します。第1引数と第2引数は、結合したいデータフレームを指定します。キーワード引数のhowで結合方法を指定し、onで結合のキーとなる列名を指定します。

> **構文** pd.merge(左のデータフレーム , 右のデータフレーム , how=" 結合方法 ", on=" 結合のキーとなる列名 ")

例：変数dfと変数df2のデータフレームをキー列「顧客コード」で左外部結合する。

```
pd.merge(df, df2, how="left", on="顧客コード")
```

結合方法によって、左右のデータフレームのデータをどのように残すかを指定します。本章では次の結合方法のうち、「left」を指定して結合するプログラムを例に挙げます。

結合方法の種類

結合方法	意味	処理
left	左外部結合	左のデータフレームのデータをすべて残し、結合するキー列の値が一致するデータを右のデータフレームから取得し、結合する。
right	右外部結合	右のデータフレームのデータをすべて残し、結合するキー列の値が一致するデータを左のデータフレームから取得し、結合する。
inner	内部結合	結合するキー列の値が、両方のデータフレームで一致するデータのみを取得し、結合する。
outer	外部結合	結合するキー列の値をすべて残し、結合する。

なお、引数onで指定する結合のキーとなる列名は、第1引数と第2引数それぞれのデータフレームで共通するキーです。どちらか片方にしかない場合は、エラーになります。

実践してみよう

4-3で実行するプログラムでは、CSVファイル「demo4-3_rcpt.csv」「demo4-3_cs.csv」を読み込んで、それぞれデータフレーム「df_rcpt」「df_cs」を作成し、データを結合してみます。

「demo4-3_rcpt.csv」はレシート情報、「demo4-3_cs.csv」は顧客情報です。ここでは、形状が異なるデータフレーム同士を左外部結合します。

P.107で説明したpd.read_csv関数を利用するため、ファイルの読み込み部分のプログラムの解説は省略します。

構文の使用例

プログラム：4-3-2_1

```
01 df_rcpt = pd.read_csv("demo4-3_rcpt.csv", dtype="object")  ── 28978件のデータを読み込み
02 df_rcpt  ──────────── CSVファイルから作成したデータフレームを表示
```

実行結果

	レシートNo	年月日時	商品大分類	商品小分類	商品名	商品単価	数量	店舗	顧客コード	小計
0	536390	2023/4/1 10:19	果物	生鮮果物	ぶどう	619	40	鎌風北店	10882	24760
1	536396	2023/4/1 10:51	魚介類	他の魚介加工品	魚介のつくだ煮	531	6	鎌風東店	10031	3186
2	536396	2023/4/1 10:51	野菜・海藻	生鮮野菜	だいこん	133	6	鎌風東店	10031	798
28976	579536	2024/3/31 9:53	果物	生鮮果物	かき(果物)	49	12	鎌風北店	13486	588
28977	579536	2024/3/31 9:53	果物	生鮮果物	りんご	106	12	鎌風北店	13486	1272

28978 rows × 10 columns

プログラム：4-3-2_2

```
01 df_cs = pd.read_csv("demo4-3_cs.csv", dtype="object")  ──────── 1557件のデータを読み込み
02 df_cs  ──────────── CSVファイルから作成したデータフレームを表示
```

実行結果

	顧客コード	性別	生年
0	12586	女	1970
1	13730	女	1961
2	13008	女	1991
1555	12662	女	1958
1556	13436	男	1952

1557 rows × 3 columns

```
01  df_merge = pd.merge(df_rcpt, df_cs, how="left", on="顧客コード")
02  df_merge
```

解説

01 変数df_rcptと変数df_csのデータフレームをキー列「顧客コード」で左外部結合し、変数df_merge に代入する。

02 変数df_mergeのデータフレームを表示する。

実行結果

	レシートNo	年月日時	商品大分類	商品小分類	商品名	商品単価	数量	店舗	顧客コード	小計	性別	生年
0	536390	2023/4/1 10:19	果物	生鮮果物	ぶどう	619	40	鎌風北店	10882	24760	女	1995
1	536396	2023/4/1 10:51	魚介類	他の魚介加工品	魚介のつくだ煮	531	6	鎌風東店	10031	3186	女	1942
2	536396	2023/4/1 10:51	野菜・海藻	生鮮野菜	だいこん	133	6	鎌風東店	10031	798	女	1942
3	536396	2023/4/1 10:51	乳卵類	卵	卵	319	6	鎌風東店	10031	1914	女	1942
4	536398	2023/4/1 10:52	魚介類	塩干魚介	干しあじ	369	6	鎌風東店	13128	2214	男	1995
28974	579536	2024/3/31 9:53	果物	生鮮果物	ぶどう	619	3	鎌風北店	13486	1857	女	1975
28975	579536	2024/3/31 9:53	魚介類	魚肉練製品	ちくわ	81	20	鎌風北店	13486	1620	女	1975
28976	579536	2024/3/31 9:53	果物	生鮮果物	かき(果物)	49	12	鎌風北店	13486	588	女	1975
28977	579536	2024/3/31 9:53	果物	生鮮果物	りんご	106	12	鎌風北店	13486	1272	女	1975

28978 rows × 12 columns

第1引数（左のデータフレーム）でレシート情報が格納された変数df_rcptを指定し、第2引数（右の データフレーム）で顧客情報が入った変数df_csを指定しています。また、結合方法は左外部結合（left） で、列（キー）は「顧客コード」です。そのため、左側にレシート情報、右側に顧客情報が結合された情報 が作成されます。共通する「顧客コード」で結合しており、レシートごとに該当する顧客の性別や生年が 追加されます。なお、左のデータフレームをすべて残し、右のデータフレームを結合するので、左外部結 合したデータ件数は28978件（左のデータフレームと同じ件数）になります。

	レシート情報 (変数df_rcpt)				顧客情報 (変数df_cs)	
レシートNo	⋯	店舗	顧客コード	小計	性別	生年
536390	⋯	鎌風北店	10882	24760	女	1995
536396	⋯	鎌風東店	10031	3186	女	1942
536396	⋯	鎌風東店	10031	798	女	1942
⋮	⋮	⋮	⋮	⋮	⋮	⋮

顧客コードをキーにして結合

よく起きるエラー ･････････････････････････････

2つのデータフレームのどちらかに、結合のキーとなる列がない場合はエラーになります。

```
-----------------------------------------------------------
KeyError                          Traceback (most recent call last)
~\AppData\Local\Temp\ipykernel_8496\200976315.py in ?()
----> 1 df_merge = pd.merge(df_rcpt, df_cs, how='left', on='レシートNo')
      2 df_merge

~\AppData\Local\Programs\Python\Python312\Lib\site-packages\pandas\core\reshape\merge.py in ?(left, right,
w, on, left_on, right_on, left_index, right_index, sort, suffixes, copy, indicator, validate)
    166             validate=validate,

   1912             # Check for duplicates
   1913             if values.ndim > 1:

KeyError: 'レシートNo'
```

- **エラーの発生場所**：1行目「on="レシートNo"」
- **エラーの意味** ：結合のキーとなる列「レシートNo」は存在しない。

```
01  df_merge = pd.merge(df_rcpt, df_cs, how="left", on="レシートNo")
02  df_merge
```

- **対処方法：左右のデータフレームに共通する列名をキー列に指定する。**

 形状が異なるデータフレームを結合するときは、列名とそれぞれの列がどのような意味を持つデータなのかを確認しよう。

--- Reference ---

結合したいデータフレームのキーの列名が異なる場合

「demo4-3_rcpt.csv」のレシート情報と、「demo4-3_cs.csv」の顧客情報は、どちらも「顧客コード」という列名になっていました。しかし、情報源が異なるデータでは、同じ意味を持つものの別の列名が付けられていることがあります。その場合は、引数onではなく引数left_onと引数right_onでキーとなる列名を指定します。引数left_onが左のデータフレームでのキーとなる列名、引数right_onが右のデータフレームでのキーとなる列名に該当します。

```
01  pd.merge(df, df2, how="left", left_on="顧客コード", right_on="顧客ID")
```

4-3-3 Pandasを使ったデータ加工② データの整形

Pandasには、**datetime64型**という日付を表現するためのデータ型が用意されています。datetime64型の列のデータは、数値計算が可能となり、ある日付から何日経過したかなどの情報を求めることができます。

pd.to_datetime関数で日付型に変換する

pd.to_datetime関数の第1引数には、日付型に変換したい列名を指定します。例えば、「データフレーム["列名"]」という形で、データフレームの列を指定します。キーワード引数のformatには、日付型のフォーマットを文字列で指定します。

> **構文** pd.to_datetime(変換したい列 , format=" フォーマット ")

例：変数dfの列「年月日時」をフォーマット「%Y/%m/%d %H:%M」で指定してdatetime64型に変換し、変数dfの列「年月日時」に代入する。

```
df["年月日時"] = pd.to_datetime(df["年月日時"], format="%Y/%m/%d %H:%M")
```

引数formatは、変換したい列の値が、どのような形式で日付を表しているのかを指定するものです。例えば、CSVファイル「demo4-3_rcpt.csv」のレシート情報では、日付は「2024/4/1 10:19」のような形式で表されています。この形式の場合は、「%Y/%m/%d %H:%M」をフォーマットに指定します。

なお、「%Y」が年、「%m」が月、「%d」が日、「%H」が時間、「%M」が分に相当します。

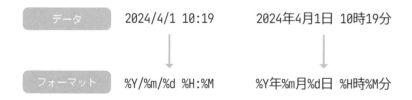

データ	2024/4/1 10:19	2024年4月1日 10時19分
フォーマット	%Y/%m/%d %H:%M	%Y年%m月%d日 %H時%M分

実践してみよう

P.128でレシート情報と顧客情報を結合した変数df_mergeを利用します。変数df_mergeの各列のデータ型を確認してから、列「年月日時」のデータ型を日付型に変換してみましょう。

構文の使用例

```
01  df_merge.dtypes
```

解説

01 変数df_mergeのデータ型を表示する。

実行結果

```
レシートNo      object ┐
年月日時        object │
商品大分類      object │
商品小分類      object │
商品名         object │
商品単価       object │──── すべての列がobject型の状態
数量          object │
店舗          object │
顧客コード      object │
小計          object │
性別          object │
生年          object ┘
dtype: object
```

```
01  df_merge["年月日時"] = pd.to_datetime(df_merge["年月日時"], format="%Y/%m/%d %H:%M")
02  df_merge.dtypes
```

解説

01 変数df_mergeの列「年月日時」をフォーマット「%Y/%m/%d %H:%M」で指定してdatetime64型に変換し、変数df_mergeの列「年月日時」に代入する。

02 変数df_mergeのデータ型を表示する。

実行結果

```
レシートNo            object
年月日時        datetime64[ns] ●──── 列「年月日時」はdatetime64型に変換された
商品大分類            object
商品小分類            object
商品名              object
商品単価             object
数量               object
店舗               object
顧客コード            object
小計               object
性別               object
生年               object
dtype: object
```

4

データの加工と集計を行う

pd.to_datetime関数により、列「年月日時」のデータ型がdatatime64型に変換されたことがわかります。なお、「datetime64[ns]」の「ns」は、日付情報をナノ秒（nanosecond）で保持していることを意味しています。

日付を使って計算して年齢を求める

　datetime64型の値から、年、月、日などを個別に取得することが可能です。datetime64型の列の値のあとに「.dt.year」を付けると、int32型で年の値を取得することが可能です。
　列「生年」のデータ型はobject型ですが、int32型などの数値型に変換したうえで、列「年月日時」から年を取得して引き算することで、購入時の顧客の年齢を求められます。実際に試してみましょう。

プログラム：4-3-3_3

```
01  df_merge["生年"] = df_merge["生年"].astype("int32")
02  df_merge.dtypes
```

解説

01　変数df_mergeの列「生年」をint32型に変換して、変数df_mergeの列「生年」に代入する。
02　変数df_mergeのデータ型を表示する。

実行結果

```
レシートNo              object
年月日時        datetime64[ns]
商品大分類             object
商品小分類             object
商品名               object
商品単価              object
数量                object
店舗                object
顧客コード             object
小計                object
性別                object
生年                 int32 ●────[ 列「生年」はint32型に変換された ]
dtype: object
```

　astypeメソッドを実行して、列「生年」のデータ型がint32型に変換されました。

プログラム：4-3-3_4

```
01  df_merge["年齢"] = df_merge["年月日時"].dt.year - df_merge["生年"]
02  df_merge.head(3)
```

解説

01　変数df_mergeの列「年月日時」のデータから年だけを取得し、変数df_mergeの列「生年」のデータを引いた結果を、変数df_mergeに列「年齢」を追加して代入する。
02　変数df_mergeの先頭3行のデータを抽出する。

	レシートNo	年月日時	商品大分類	商品小分類	商品名	商品単価	数量	店舗	顧客コード	小計	性別	生年	年齢
0	536390	2023-04-01 10:19:00	果物	生鮮果物	ぶどう	619	40	鎌風北店	10882	24760	女	1995	28
1	536396	2023-04-01 10:51:00	魚介類	他の魚介加工品	魚介のつくだ煮	531	6	鎌風東店	10031	3186	女	1942	81
2	536396	2023-04-01 10:51:00	野菜・海藻	生鮮野菜	だいこん	133	6	鎌風東店	10031	798	女	1942	81

　行番号0の場合、列「年月日時」の年は「2023」、列「生年」は「1995」です。2023－1995で28と求められます。また、「df_merge["年月日時"].dt.year」の「dt」は列全体を一括で処理する場合に付けるもので、個々の要素から年を取得する場合は「.year」のみを付けます。

　なお、ここでは列「生年」のみをint32型に変換していますが、一般的なデータの整形では、列「商品単価」「数量」「小計」といった数値として扱いたい列のデータ型も、int32型やint64型に変換します。

> 日時型の列のデータの中から、一部の値を取り出せるのは便利だね。

Reference

datetime64型のデータから個々の値を取得する

次のように、datetime64型のデータから、年・月・日・時・分・秒の値を個々に取得できます。次のプログラムを実行すると、行番号0の列「年月日時」のデータ「2023-04-01 10:19:00」から、年・月・日・時・分・秒の値を個々に取得できます。

プログラム：4-3-3_r1

```
01  print(df_merge.loc[0, "年月日時"].year)
02  print(df_merge.loc[0, "年月日時"].month)
03  print(df_merge.loc[0, "年月日時"].day)
04  print(df_merge.loc[0, "年月日時"].hour)
05  print(df_merge.loc[0, "年月日時"].minute)
06  print(df_merge.loc[0, "年月日時"].second)
```

実行結果

```
2023
4
1
10
19
0
```

データに欠損がある場合に使うメソッド

データに合わせてデータ型を変更する以外に、**欠損値**がある場合にも何らかの処理が必要です。欠損値とは、あるべきところにデータが入っていない状態のことで**NaN**と表現されます。

CSVファイル「demo4-3_rcpt_ref.csv」を読み込んで、データフレームを作成して変数df_rcpt_refに代入します。データフレーム（変数df_rcpt_ref）には、欠損値が含まれるため、該当箇所がNaNと表示されます。

プログラム：4-3-3_r2

```
01  df_rcpt_ref = pd.read_csv("demo4-3_rcpt_ref.csv")
02  df_rcpt_ref
```

実行結果

	レシートNo	年月日時	商品大分類	商品小分類	商品名	商品単価	数量	店舗	顧客コード	小計
0	536390	2023/4/1 10:19	果物	生鮮果物	ぶどう	619	40.0	鎌風北店	10882	24760
1	536396	2023/4/1 10:51	魚介類	他の魚介加工品	魚介のつくだ煮	531	NaN	鎌風東店	10031	3186
2	536396	2023/4/1 10:51	野菜・海藻	生鮮野菜	だいこん	133	6.0	鎌風東店		
3	536396	2023/4/1 10:51	乳卵類	卵	卵	319	NaN	鎌風東店	10031	1914
4	536398	2023/4/1 10:52	魚介類	塩干魚介	干しあじ	369	6.0	鎌風東店	13128	2214

欠損値がある

NaNがあるデータフレームを修正する際に使用するのが、Pandasの**fillna**メソッドと**dropna**メソッドです。fillnaメソッドは、データフレーム内でデータが欠損している場所に値の穴埋めを行います。これに対してdropnaメソッドは、欠損したデータがある行の削除を行います。

プログラム：4-3-3_r3

```
01  df_rcpt_ref.fillna(1)
```

実行結果

	レシートNo	年月日時	商品大分類	商品小分類	商品名	商品単価	数量	店舗	顧客コード	小計
0	536390	2023/4/1 10:19	果物	生鮮果物	ぶどう	619	40.0	鎌風北店	10882	24760
1	536396	2023/4/1 10:51	魚介類	他の魚介加工品	魚介のつくだ煮	531	1.0	鎌風東店	10031	3186
2	536396	2023/4/1 10:51	野菜・海藻			133	6.0		10031	798
3	536396	2023/4/1 10:51	乳卵類	卵	卵	319	1.0	鎌風東店	10031	1914
4	536398	2023/4/1 10:52	魚介類	塩干魚介	干しあじ	369	6.0	鎌風東店	13128	2214

欠損値を値「1」で穴埋めする

プログラム：4-3-3_r4

```
01  df_rcpt_ref.dropna()
```

欠損値を含む行が削除される

実行結果

	レシートNo	年月日時	商品大分類	商品小分類	商品名	商品単価	数量	店舗	顧客コード	小計
0	536390	2023/4/1 10:19	果物	生鮮果物	ぶどう	619	40.0	鎌風北店	10882	24760
2	536396	2023/4/1 10:51	野菜・海藻	生鮮野菜	だいこん	133	6.0	鎌風東店	10031	798
4	536398	2023/4/1 10:52	魚介類	塩干魚介	干しあじ	369	6.0	鎌風東店	13128	2214

Pandasを使ったデータ加工③
変数作成

4-3-4

年齢やテストの点数などの連続した数値データは、一定の範囲ごとにグループやカテゴリーに分けると、データの傾向がわかりやすくなります。連続したデータをグループやカテゴリーに分けることを**離散化**といい、Pandasでは**pd.cut関数**を使うことで離散化できます。

pd.cut関数を使った離散化

データ加工の変数作成の手法である離散化には、pd.cut関数を使います。第1引数は、離散化したい項目を「データフレーム ["列名"]」で指定し、引数binsでデータの区間のリストを指定します。そして引数rightは、境界値に関する設定で、Trueを指定すると上限の境界値が含まれ、Falseを指定すると下限の境界値が含まれます。引数rightの指定を省略した場合、デフォルト値のTrueが指定されて上限の境界値が含まれます。

> **構文** pd.cut(データフレーム [" 列名 "], bins= データ区間のリスト [,
> right= 真偽値])

例：変数dfの列「年齢」のデータを変数range_liの区間で、下限の境界値を含むようにして離散化する。

```
range_li = [0, 10, 20, 30, 40, 50, 60, 70, 80, 90, 100]
pd.cut(df["年齢"], bins=range_li, right=False)
```

例のように年齢を離散化すると、年代ごとに項目を分けられるので、グラフ化した際に分析結果が視覚的にわかりやすくなります。

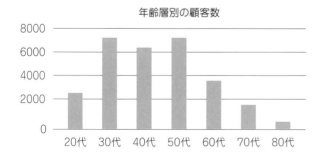

🔼 実践してみよう

引き続き、変数df_mergeのデータフレームを使って、列「年齢」のデータを離散化していきましょう。

4

データの加工と集計を行う

```
01  range_li = [0, 10, 20, 30, 40, 50, 60, 70, 80, 90, 100]
02  pd.cut(df_merge["年齢"], bins=range_li, right=False)
```

解説

01 変数range_liに、リスト「0, 10, 20, 30, 40, 50, 60, 70, 80, 90, 100」を代入する。

02 変数df_mergeの列「年齢」のデータを変数range_liの区間で、下限の境界値を含むようにして離散化する。

実行結果

```
0       [20, 30)
1       [80, 90)
2       [80, 90)
3       [80, 90)
4       [20, 30)
          ...
28973   [30, 40)
28974   [40, 50)
28975   [40, 50)
28976   [40, 50)
28977   [40, 50)
Name: 年齢, Length: 28978, dtype: category
Categories (10, interval[int64, left]): [[0, 10) < [10, 20) < [20, 30) < [30, 40) ... [60, 70) < [70, 80) < [8
0, 90) < [90, 100)]
```

　変数range_liは、「0, 10, 20, …, 90, 100」と、0～100までの数値が10刻みで格納されたリストです。そのため、離散化で下限の境界値を含めると、0～9、10～19、20～29、…、90～99というグループに分けられます。実行結果に「[20, 30)」と表示されているのは、どのグループに属するかを表したものです。また、「[」は下限値が含まれることを表します。

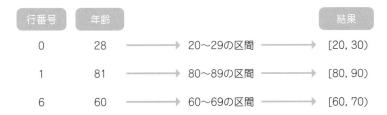

🔵 離散化した結果を新しい列として追加する

　pd.cut関数の戻り値を新しい列の要素として、データフレームに追加することもできます。その場合、引数labelsにラベルにしたい値（列に格納したい値）をリストで渡すと、離散化の結果をわかりやすく表現できます。

```
01  label_li = ["10歳未満", "10代", "20代", "30代", "40代", "50代", "60代", "70代", "80代",
    "90代"]
```

```
02  df_merge["年齢層"] = pd.cut(df_merge["年齢"], bins=range_li, right=False, labels=label_
    li)
03  df_merge.head(10)
```

解説

01 変数label_liに、リスト「"10歳未満", "10代", "20代", "30代", "40代", "50代", "60代", "70代",
   "80代", "90代"」を代入する。

02 変数df_mergeの列「年齢」のデータを変数range_liの区間で、下限の境界値を含むようにして離散
   化し、変数label_liをラベルに指定して、変数df_mergeに列「年齢層」を追加して代入する。

03 変数df_mergeから先頭10行のデータを抽出する。

実行結果

	レシートNo	年月日時	商品大分類	商品小分類	商品名	商品単価	数量	店舗	顧客コード	小計	性別	生年	年齢	年齢層
0	536390	2023-04-01 10:19:00	果物	生鮮果物	ぶどう	619	40	鎌風北店	10882	24760	女	1995	28	20代
1	536396	2023-04-01 10:51:00	魚介類	他の魚介加工品	魚介のつくだ煮	531	6	鎌風東店	10031	3186	女	1942	81	80代
2	536396	2023-04-01 10:51:00	野菜・海藻	生鮮野菜	だいこん	133	6	鎌風東店	10031	798	女	1942	81	80代
3	536396	2023-04-01 10:51:00	乳卵類	卵	卵	319	6	鎌風東店	10031	1914	女	1942	81	80代
4	536398	2023-04-01 10:52:00	魚介類	塩干魚介	干しあじ	369	6	鎌風東店	13128	2214	男	1995	28	20代
5	536401	2023-04-01 11:21:00	果物	生鮮果物	りんご	106	9	鎌風西店	13884	954	女	1991	32	30代
6	536404	2023-04-01 11:29:00	果物	生鮮果物	りんご	106	12	鎌風東店	12931	1272	女	1963	60	60代
7	536404	2023-04-01 11:29:00	果物	生鮮果物	バナナ	104	12	鎌風東店	12931	1248	女	1963	60	60代
8	536406	2023-04-01 11:33:00	魚介類	生鮮魚介	さば	424	8	鎌風東店	13663	3392	女	1992	31	30代
9	536406	2023-04-01 11:33:00	野菜・海藻	生鮮野菜	だいこん	133	6	鎌風東店	13663	798	女	1992	31	30代

Reference

離散化で上限の境界値を含める

1〜10、11〜20のように下限の境界値を含めず、上限の境界値を含めたい場合は、引数rightにTrueを指定します。なお、引数rightの指定を省略した場合でも、Trueが指定されたことになります。

プログラム：4-3-4_r1

```
01  pd.cut(df_merge["年齢"], bins=range_li, right=True)
```

実行結果

```
0      (20, 30]
1      (80, 90]  ●———— 81〜90の区間であることを示す
2      (80, 90]
3      (80, 90]
4      (20, 30]  ●———— 21〜30の区間であることを示す

28976  (40, 50]
28977  (40, 50]
Name: 年齢, Length: 28978, dtype: category
Categories (10, interval[int64, right]): [(0, 10] < (10, 20] < (20, 30] < (30, 40] ... (60, 70] < (70, 80] <
(80, 90] < (90, 100]]
```

4-4 データの集計

ここからは、加工したデータを使って集計する方法について説明します。集計することによって、どのような特徴があるデータなのかを把握できます。

4-4-1 データの集計方法の分類

集計とは、多数のデータを集めてデータ件数を数えたり、数値を合計したりすることです。データ分析でデータの傾向を確認するためには、目的に合わせて集計を行って**代表値**を求めます。

次のような従業員情報で行う集計の例を見ていきましょう。

従業員情報

従業員ID	等級	性別	所属本部	所属部	残業時間	評価点
100304	1	男	開発本部	情報システム部	6.2	28
100342	2	女	開発本部	情報システム部	8.0	33
100478	2	男	経営本部	総務部	0.0	39
100578	2	男	開発本部	第一ソリューション部	7.8	28
⋮	⋮	⋮	⋮	⋮	⋮	⋮

最もシンプルな集計は、ある項目に該当するデータ件数を求めることです。例えば、列「所属部」ごとのデータ件数を集計することで、部ごとに所属する人数を把握することができます。

所属部	所属人数
第一ソリューション部	69
第二ソリューション部	64
第一営業部	32
第二営業部	27
総務部	19
情報システム部	18

所属部ごとの人数を集計
（部の所属人数を求める）

また、あるまとまりごとに集計したい場合は、**グループ化**を行います。所属部ごとの残業時間の合計値や平均値は、グループ化すると求められます。

所属部別の合計残業時間と平均残業時間を集計

所属部	合計残業時間	平均残業時間
第一ソリューション部	539.35	7.816667
第二ソリューション部	919.60	14.368750
第一営業部	604.80	18.900000
第二営業部	661.38	24.495556
総務部	598.44	31.496842
情報システム部	56.93	3.162778

　グループをさらに細分化して集計を行いたい場合は、**ピボットテーブル**を利用します。
　ピボットテーブルにより、所属部別と等級別で人数の集計を行えます。2つの項目を組み合わせて集計することを**クロス集計**といいます。ほかにも、ピボットテーブルでは細分化したグループごとに、項目別の合計値や平均値などを求められます。

ピボットテーブル

クロス集計（データの個数）

所属部別と等級別の人数を集計

等級	1	2	3	4
所属部				
第一ソリューション部	1	4	11	2
第二ソリューション部	5	20	34	5
第一営業部	4	10	14	4
第二営業部	8	25	32	4
総務部	3	8	10	6
情報システム部	2	3	12	2

その他の集計（合計、平均）

所属部別と等級別の平均残業時間を集計

等級	1	2	3	4
所属部				
第一ソリューション部	6.200000	6.425	8.981818	5.000
第二ソリューション部	2.080000	11.180	13.867647	42.820
第一営業部	11.600000	20.390	18.157143	25.075
第二営業部	11.637500	23.032	25.737500	49.425
総務部	20.666667	32.675	30.470000	37.050
情報システム部	2.500000	2.600	3.341667	3.600

　Pandasには、単純な集計から、グループ化、ピボットテーブルを使った集計を行うための機能が用意されています。

　ピボットテーブルは、第5章で説明する「要約」などの分析を行うための、前処理にも利用するよ。

4-4-2 Pandasを使った集計

まずは、Pandasの**value_counts メソッド**を利用した集計の方法を説明します。

value_counts メソッドを使った集計

データフレームの集計したい列名を指定して、value_counts メソッドを呼び出します。列名に指定したデータごとに、データ件数を求めることができます。なお、引数 ascending に True を指定すると、集計結果を昇順にできます。省略した場合、デフォルト値に False が指定されて降順になります。

> **構文** データフレーム [" 列名 "].value_counts([ascending= 真偽値])

例：変数 df_employee の列「所属部」ごとにデータ件数を求める。

```
df_employee["所属部"].value_counts()
```

例の変数 df_employee に P.138 の従業員情報のデータフレームが格納されていた場合、実行すると次のような結果が得られます。

変数 df_employee（従業員情報）

従業員ID	等級	性別	所属本部	所属部	残業時間	評価点
100304	1	男	開発本部	情報システム部	6.2	28
100342	2	女	開発本部	情報システム部	8.0	33
100478	2	男	経営本部	総務	0.0	39
100578	2	男	開発本部	第一ソリューション	7.8	28
⋮	⋮	⋮	⋮	⋮	⋮	⋮

df_employee["所属部"].value_counts()

所属部	
第一ソリューション部	69
第二ソリューション部	64
第一営業部	32
第二営業部	27
総務部	19
情報システム部	18

所属部ごとの従業員の人数

列「所属部」を対象として、部ごとに所属している人数が求められます。

あるデータごとに、データ件数を求めるような集計は、よく行うよ。

実践してみよう

4-4ではCSVファイル「demo4-4.csv」を使って、データの集計を行っていきます。「demo4-4.csv」には、レシートと顧客に関する情報がまとめられています。

構文の使用例

プログラム：4-4-2_1

```
01  df_rcpt2 = pd.read_csv("demo4-4.csv", dtype="object")  ──────── 11015件のデータを読み込み
02  df_rcpt2  ──────────────────────── CSVファイルから作成したデータフレームを表示
```

実行結果

	レシートNo	年月日時	店舗	顧客コード	性別	年齢	年齢層	合計金額
0	536390	2020/4/1 10:19	鎌風北店	10882	女	28	20代	24760
1	536396	2020/4/1 10:51	鎌風東店	10031	女	81	80代	5898
2	536398	2020/4/1 10:52	鎌風東店	13128	男	28	20代	2214
11013	579535	2021/3/31 9:50	鎌風西店	12430	女	31	30代	6420
11014	579536	2021/3/31 9:53	鎌風北店	13486	女	49	40代	5337

11015 rows × 8 columns

CSVファイル「demo4-4.csv」から読み込んでデータフレームを作成する際に、すべての列のデータ型をobject型にしています。数値の合計値や平均値を求められるようにするには、対象列を数値のデータ型に変換する必要があります。以降の学習に備えて、列「年齢」と列「合計金額」のデータ型をint32型に変換します。

プログラム：4-4-2_2

```
01  df_rcpt2[["年齢", "合計金額"]] = df_rcpt2[["年齢", "合計金額"]].astype("int32")
02  df_rcpt2.dtypes
```

解説

01 変数df_rcpt2の列「年齢」と列「合計金額」のデータ型をint32型に変換し、変数df_rcpt2の列「年齢」と列「合計金額」にそれぞれ代入する。

02 変数df_rcpt2のデータ型を表示する。

```
レシートNo     object
年月日時       object
店舗         object
顧客コード      object
性別         object
年齢         int32
年齢層        object
合計金額       int32
dtype: object
```

列「年齢」と列「合計金額」はint32型に変換された

　列「年齢」と列「合計金額」のデータ型がint32型に変換されました。この状態で列「顧客コード」ごとに、データ件数の集計を行ってみましょう。

プログラム：4-4-2_3

```
01  df_rcpt2["顧客コード"].value_counts()
```

解説

01　変数df_rcpt2の列「顧客コード」ごとにデータ件数を求める。

実行結果

```
顧客コード
12338    18
13267    16
13227    15
13979    15
11965    15
         ..
12831     1
10521     1
12676     1
12794     1
13436     1
Name: count, Length: 1556, dtype: int64
```

　列「顧客コード」ごとにデータ件数の集計を行ったことにより、顧客ごとの購入回数を求められます。また、引数ascendingを省略しているため、集計結果は降順になります。また、顧客コードは1556件のデータが存在することを確認できます（Length: 1556より）。
　次は、引数ascendingにTrueを指定して、集計結果を昇順にしてみましょう。

プログラム：4-4-2_4

```
01  df_rcpt2["顧客コード"].value_counts(ascending=True)
```

解説

01　変数df_rcpt2の列「顧客コード」ごとにデータ件数を求めて、昇順に並ぶようにする。

```
顧客コード
10882      1
12676      1
10521      1
12831      1
13994      1
          ..
13574     15
13289     15
11218     15
13267     16
12338     18
Name: count, Length: 1556, dtype: int64
```

4-4-3 Pandasを使ったグループ化と集計

Pandasの**groupbyメソッド**を使うと、項目をグループ化したうえで、グループごとに集計を行えます。また、対象項目の合計値や平均値などを同時に求めることも可能です。

groupbyメソッド使ったグループ化と集計

データフレームからgroupbyメソッドを呼び出し、引数でグループ化する列を指定します。そのあとに続けて、どのような集計を行うかを記述します。集計したい列を [ ] で指定して、集計関数を呼び出します。また、複数の集計関数を呼び出したい場合は、集計関数aggに引数で集計関数を指定します。

構文	データフレーム .groupby(" グループ化する列名 ")[" 集計列名 "]. 集計関数名 () または データフレーム .groupby(" グループ化する列名 ")[" 集計列名 "]. agg(" 集計関数名 ", " 集計関数名 " …)

例：変数df_employeeの列「所属部」をグループ化し、グループごとに列「残業時間」の合計値を求める。

```
df_employee.groupby("所属部")["残業時間"].sum()
```

例：変数df_employeeの列「所属部」をグループ化し、グループごとに列「残業時間」の合計値と平均値を求める。

```
df_employee.groupby("所属部")["残業時間"].agg(["sum", "mean"])
```

集計関数には次のようなものがあり、どのような集計結果を得たいかによって使い分けます。

Pandas の代表的な集計関数

関数	意味
sum()	合計値を求める。
mean()	平均値を求める。
median()	中央値を求める。
max()	最大値を求める。
min()	最小値を求める。
count()	データ件数を求める。
agg(引数)	複数の集計を行う。引数に集計関数名のリストやタプルを指定する。

　P.140のように変数df_employeeに従業員情報のデータフレームが格納されていた場合、P.143の1つ目の例では所属部ごとに残業時間の合計値を求めます。P.143の2つ目の例は、agg関数を使うことで、集計関数を2つ実行するプログラムの結果です。所属部ごとに、残業時間の合計値と平均値を求めます。

	合計残業時間	平均残業時間
所属部	**sum**	**mean**
第一ソリューション部	539.35	7.816667
第二ソリューション部	919.60	14.368750
第一営業部	604.80	18.900000
第二営業部	661.38	24.495556
総務部	598.44	31.496842
情報システム部	56.93	3.162778

> agg関数で複数の集計関数を指定すると、列名には関数名が入るんだ。

実践してみよう

変数df_rcpt2のデータフレームを使って、グループ化と集計をしましょう。

構文の使用例

プログラム：4-4-3_1

```
01  df_rcpt2.groupby("顧客コード")["合計金額"].sum()
```

01 変数df_rcpt2の列「顧客コード」をグループ化し、グループごとに列「合計金額」の合計値を求める。

実行結果

```
顧客コード
10002     9783
10006    51617
10007    28089
10009    41348
10013    51349
          ...
13993    38479
13994     2520
13996    50376
13998     7647
13999    19872
Name: 合計金額, Length: 1556, dtype: int32
```

　顧客コードでグループ化し、顧客コードごとに合計値が求まりました。また、11015件のデータを顧客コードでグループ化することで、1556件になったことが確認できます（Length: 1556より）。

プログラム：4-4-3_2

```
01  df_rcpt2.groupby("顧客コード")["合計金額"].agg(["sum", "mean"])
```

解説

01 変数df_rcpt2の列「顧客コード」をグループ化し、グループごとに列「合計金額」の合計値と平均値を求める。

実行結果

顧客コード	sum	mean
10002	9783	4891.500000
10006	51617	10323.400000
10007	28089	2553.545455
13998	7647	2549.000000
13999	19872	3974.400000

1556 rows × 2 columns

　顧客コードでグループ化し、顧客コードごとに合計金額の合計値と平均値が求まりました。また、11015件のデータを顧客コードでグループ化することで、1556件になったことが確認できます。

集計した列名の変更とデータの並べ替え

次のように、集計した列名を変更して、集計したデータを降順に並べ替えることができます。

```
01 df_rename = df_rcpt2.groupby("顧客コード")["合計金額"].agg(["sum", "mean"])
02 df_rename.columns = ["合計金額の合計値", "合計金額の平均値"]
03 df_rename.sort_values(by="合計金額の合計値", ascending=False)
```

解説

01 変数df_rcpt2の列「顧客コード」をグループ化し、グループごとに列「合計金額」の合計値と平均値を求めて、変数df_renameに代入する。

02 変数df_renameの列名に、リスト「"合計金額の合計値", "合計金額の平均値"」を代入する。

03 変数df_renameのデータを、列「合計金額の合計値」が降順になるように並べ替える。

実行結果

顧客コード	合計金額の合計値	合計金額の平均値
11567	158936	15893.600000
11743	139526	13952.600000
10459	138934	34733.500000
11080	724	362.000000
13152	324	324.000000

1556 rows × 2 columns

複数の列を指定して集計を行う

集計関数のaggには、集計したい列と処理の組み合わせを、辞書で指定することも可能です。次のプログラムでは、店舗ごとにグループ化し、店舗ごとの合計金額の合計値と平均値に加えて、店舗ごとのレシートNoのデータ件数を求めています。つまり、店舗ごとのレシートの数が把握できます。

```
01 df_rcpt2.groupby("店舗").agg({"合計金額":["sum", "mean"], "レシートNo":["count"]})
```

解説

01 変数df_rcpt2の列「店舗」をグループ化し、グループごとに列「合計金額」の合計値と平均値、グループごとに列「レシートNo」のデータ件数を求める。

	合計金額		レシートNo
	sum	mean	count
店舗			
鎌風北店	21564651	5489.982434	3928
鎌風東店	20092424	5610.841664	3581
鎌風西店	18939777	5402.104107	3506

離散化した列をグループ化する

　離散化して値を格納した列をグループ化する場合、キーワード引数のobservedを使ってもよいでしょう。例えば、変数df_merge (P.137) には、列「年齢層」に離散化したデータが格納されていますが、10種類の定義されたデータのうち、「10歳未満」「10代」「90代」に該当するデータは1件も存在しません。データが存在しないグループは、引数observedでTrueを指定すると、グループを非表示にすることができます。

　なお、列「小計」のデータ型はobject型になっているので、int32型に変換してからグループ化し、合計値と平均値を求めます。

プログラム：4-4-3_5

```
01  df_merge["小計"] = df_merge["小計"].astype("int32")
02  df_merge.groupby("年齢層", observed=True)["小計"].agg(["sum", "mean"])
```

解説

01　変数df_mergeの列「小計」のデータ型をint32型に変換して、変数df_mergeの列「小計」に代入する。

02　変数df_mergeの列「年齢層」を存在するデータのみでグループ化し、グループごとに列「小計」の合計値と平均値を求める。

実行結果

	sum	mean
年齢層		
20代	5585436	2063.330624
30代	14904993	2099.294789
40代	13343998	2135.723111
50代	14655139	2060.911124
60代	6913974	2028.748239
70代	3804388	2200.340081
80代	1388924	2057.665185

引数observedにTrueを指定しているので、該当するデータが1件もないグループ（「10歳未満」「10代」「90代」のグループ）は表示されません。デフォルト値はFalseですが、Falseに変えた場合、または引数observedの指定を省略した場合は、データが1件もないグループも表示される（「10歳未満」「10代」「90代」のグループの行が「0」「NaN」の値で表示される）ので、そちらも確認してみてください。

Pandasを使ったピボットテーブル

最後は、Pandasでピボットテーブルを作成することによる集計です。ピボットテーブルは、**pivot_tableメソッド**で作成できます。

pivot_tableメソッドを使ったピボットテーブルの作成

データフレームからpivot_tableメソッドを呼び出します。第1引数には、データ件数や数値の合計など集計対象の列名を指定します。引数aggfuncには、集計関数名を文字列で指定します。続く引数indexには、ピボットテーブルの行に使う列名を指定します。そして引数columnsには、ピボットテーブルの列に使う列名を指定します。

> **構文** データフレーム .pivot_table(" 集計対象の列名 ", aggfunc=" 集計関数名 ", index=" 行に使う列名 ", columns=" 列に使う列名 ")

例：変数df_employeeから、行に使う列名を「所属部」、列に使う列名を「等級」と指定して、列「従業員ID」のデータ件数を求めたピボットテーブルを作成する。

```
df_employee.pivot_table("従業員ID", aggfunc="count", index="所属部", columns="等級")
```

P.140のように変数df_employeeに従業員情報のデータフレームが格納されていた場合、次のような所属部別と等級別の人数を集計した、クロス集計を行うことができます。

等級	1	2	3	4
所属部				
第一ソリューション部	1	4	11	2
第二ソリューション部	5	20	34	5
第一営業部	4	10	14	4
第二営業部	8	25	32	4
総務部	3	8	10	6
情報システム部	2	3	12	2

グラフ化するときの元データとして、ピボットテーブルがよく使われるよ。次の章でも使うから、しっかりとおさえておこう。

実践してみよう

変数df_rcpt2のデータフレームを使って、様々なピボットテーブルを作成してみましょう。

構文の使用例

プログラム：4-4-4_1

```
01  df_rcpt2.pivot_table("顧客コード", aggfunc="count", index="年齢層", columns="性別")
```

解説

01　変数df_rcpt2から、行に使う列名を「年齢層」、列に使う列名を「性別」と指定して、列「顧客コード」のデータ件数を求めたピボットテーブルを作成する。

実行結果

性別	女	男
年齢層		
20代	624	414
30代	1665	1018
40代	1676	696
50代	1775	945
60代	895	403
70代	507	144
80代	181	72

集計対象を列「顧客コード」、引数aggfuncに「count」を指定しているため、年齢層別と性別ごとの顧客人数を求めたピボットテーブルが作成されました。

プログラム：4-4-4_2

```
01  df_rcpt2.pivot_table("合計金額", aggfunc="sum", index="年齢層", columns="性別")
```

解説

01　変数df_rcpt2から、行に使う列名を「年齢層」、列に使う列名を「性別」と指定して、列「合計金額」の合計値を求めたピボットテーブルを作成する。

性別	女	男
年齢層		
20代	3453695	2067714
30代	9319032	5634512
40代	9290520	4046278
50代	9780814	4832134
60代	4816612	2126590
70代	2863062	960210
80代	1021608	384071

集計対象を列「合計金額」、引数aggfuncに「sum」を指定しているため、年齢層別と性別ごとの合計金額の合計値を求めたピボットテーブルが作成されました。

pivot_table メソッドの引数 aggfunc を省略する

引数aggfuncは「mean」がデフォルト値として設定されているため、省略することが可能です。そのため、次のプログラムでは、年齢層別と性別ごとの合計金額の平均値を求められます。

プログラム：4-4-4_3
```
01  df_rcpt2.pivot_table("合計金額", index="年齢層", columns="性別")
```

解説
01 変数df_rcpt2から、行に使う列名を「年齢層」、列に使う列名を「性別」と指定して、列「合計金額」の平均値を求めたピボットテーブルを作成する。

実行結果

性別	女	男
年齢層		
20代	5534.767628	4994.478261
30代	5597.016216	5534.884086
40代	5543.269690	5813.617816
50代	5510.317746	5113.369312
60代	5381.689385	5276.898263
70代	5647.065089	6668.125000
80代	5644.243094	5334.319444

4-5 実習問題

この章で学習したことを復習しましょう。
実習ファイルを読み込んで、順番にプログラムを作成していきましょう。

✏ 実習問題①

- 概要 ：家電量販店の注文のデータを使って、客層の分析を行いましょう。
- 実習ファイル：Chap4_practice.ipynb、order_info.csv

次の流れで、実行結果例となるようなプログラムを作成してください。

🔵 プログラム：4-5-1_p1

- Pandasをインポートする。

📋 解答例

プログラム
01　import pandas as pd

解説
01　pandasモジュールにpdと別名を付けてインポートする。

ライブラリのインポートのみなので、実行結果は表示されません。

> このあとに、CSVファイルを読み込んでデータフレームを作成し、データを抽出したり、データを集計したりしていくよ。

🔵 プログラム：4-5-1_p2

- CSVファイル「order_info.csv」には、1行につき注文番号に対応した来店者の情報が格納されている。
- CSVファイル「order_info.csv」を、データ型にobject型を指定して読み込み、データフレームを作成して変数df_ordinfoに代入する。
- 変数df_ordinfoのデータフレームを表示する。

	注文番号	店舗名	来店曜日	来店時間帯	滞留時間	性別	年齢層	年齢	合計金額	フラグ
0	6	01A	07日	03夜間	534.98	01男	04中年	58	1104	0
1	10	01A	03水	03夜間	2484	01男	02中高生	16	126	0
2	16	01A	02火	02日中	745.52	01男	02中高生	15	418	0
3	17	01A	04木	02日中	35.04	01男	02中高生	13	549	0
4	20	01A	01月	03夜間	459.99	01男	04中年	48	1480	0
3914	3911	03C	02火	01朝	428.6	02女	04中年	50	633	1
3915	3916	03C	04木	03夜間	97.13	02女	05壮年	64	800	1

3916 rows × 10 columns

解答例

プログラム

```
01  df_ordinfo = pd.read_csv("order_info.csv", dtype="object")
02  df_ordinfo
```

解説

01 CSVファイル「order_info.csv」を、データ型にobject型を指定して読み込み、作成したデータフレームを変数df_ordinfoに代入する。

02 変数df_ordinfoのデータフレームを表示する。

プログラム：4-5-1_p3

- 変数 df_ordinfo の列「滞留時間」のデータ型を float64 型に変換する。
- 変数 df_ordinfo の列「年齢」と列「合計金額」のデータ型を int32 型に変換する。
- 変数 df_ordinfo のデータ型を表示する。

実行結果例

```
注文番号      object
店舗名       object
来店曜日      object
来店時間帯     object
滞留時間     float64
性別        object
年齢層       object
年齢         int32
合計金額       int32
フラグ       object
dtype: object
```

📋 解答例

```
01  df_ordinfo["滞留時間"] = df_ordinfo["滞留時間"].astype("float64")
02  df_ordinfo[["年齢", "合計金額"]] = df_ordinfo[["年齢", "合計金額"]].astype("int32")
03  df_ordinfo.dtypes
```

01 変数df_ordinfoの列「滞留時間」のデータ型をfloat64型に変換し、変数df_ordinfoの列「滞留時間」に代入する。

02 変数df_ordinfoの列「年齢」「合計金額」のデータ型をint32型に変換し、変数df_ordinfoの列「年齢」「合計金額」に代入する。

03 変数df_ordinfoのデータ型を表示する。

● プログラム：4-5-1_p4

● 変数df_ordinfoから、すべての行の列「滞在時間」のデータを抽出する。

```
0          534.98
1         2484.00
2          745.52
3           35.04
4          459.99
             ...
3911      1087.75
3912       291.89
3913      1595.00
3914       428.60
3915        97.13
Name: 滞留時間, Length: 3916, dtype: float64
```

📋 解答例

```
01  df_ordinfo.iloc[:, 4]
```

01 変数df_ordinfoから、すべての行の列番号4のデータを抽出する。

　データフレームから行や列を指定してデータを取り出せるのは、ilocメソッドです。すべての行が対象なので「:」を指定します。また、列番号4の列名は「滞留時間」なので、「df_ordinfo.loc[:, "滞留時間"]」や「df_ordinfo["滞留時間"]」と記述しても、同じ実行結果例が得られます。

プログラム：4-5-1_p5

- 変数df_ordinfoから、すべての行の列「滞在時間」「年齢層」「合計金額」のデータを抽出する。

	滞留時間	年齢層	合計金額
0	534.98	04中年	1104
1	2484.00	02中高生	126
2	745.52	02中高生	418
3914	428.60	04中年	633
3915	97.13	05壮年	800

3916 rows × 3 columns

解答例

プログラム

```
01 df_ordinfo.iloc[:, [4, 6, 8]]
```

解説

01 変数df_ordinfoから、すべての行の列番号4、6、8のデータを抽出する。

列番号4の列名は「滞留時間」、列番号6の列名は「年齢層」、列番号8の列名は「合計金額」なので、「df_ordeinfor.loc[:, ["滞留時間", "年齢層", "合計金額"]]」や「df_orderinfo[["滞留時間", "年齢層", "合計金額"]]」と記述しても、同じ実行結果例が得られます。

プログラム：4-5-1_p6

- 変数df_ordinfoから、列「性別」のデータが「02女」の行のデータを抽出する。

	注文番号	店舗名	来店曜日	来店時間帯	滞留時間	性別	年齢層	年齢	合計金額	フラグ
724	5	01A	06土	02日中	646.43	02女	03青年	30	1218	0
725	7	01A	01月	02日中	368.61	02女	03青年	33	321	0
3914	3911	03C	02火	01朝	428.60	02女	04中年	50	633	1
3915	3916	03C	04木	03夜間	97.13	02女	05壮年	64	800	1

1840 rows × 10 columns

📋 解答例

```
01 df_ordinfo[df_ordinfo["性別"]=="02女"]
```

解説

01 変数df_ordinfoから、列「性別」のデータが「02女」の行のデータを抽出する。

🔵 プログラム：4-5-1_p7

- 変数df_ordinfoから、列「性別」のデータが「02女」、かつ、列「年齢層」のデータが「02中高生」の行のデータを抽出する。

実行結果例

	注文番号	店舗名	来店曜日	来店時間帯	滞留時間	性別	年齢層	年齢	合計金額	フラグ
732	75	01A	05金	02日中	790.62	02女	02中高生	15	1232	0
735	98	01A	01月	03夜間	1298.00	02女	02中高生	14	390	0
738	117	01A	07日	02日中	783.85	02女	02中高生	15	770	0
3909	3880	03C	02火	02日中	105.67	02女	02中高生	15	505	1
3913	3896	03C	02火	03夜間	1595.00	02女	02中高生	17	357	1

408 rows × 10 columns

📋 解答例

プログラム

```
01 df_ordinfo[(df_ordinfo["性別"]=="02女") & (df_ordinfo["年齢層"]=="02中高生")]
```

解説

01 変数df_ordinfoから、列「性別」のデータが「02女」、かつ、列「年齢層」のデータが「02中高生」の行のデータを抽出する。

🔵 プログラム：4-5-1_p8

- 変数df_ordinfoの列「店舗名」ごとにデータ件数を集計する。

実行結果例

```
店舗名
03C    1338
01A    1316
02B    1262
Name: count, dtype: int64
```

155

解答例

プログラム

```
01  df_ordinfo["店舗名"].value_counts()
```

解説

01 変数df_ordinfoの列「店舗名」ごとにデータ件数を求める。

プログラム：4-5-1_p9

- 変数**df_ordinfo**の列「店舗名」をグループ化し、グループごとに列「合計金額」の合計値と最大値を求める。

実行結果例

店舗名	sum	max
01A	746316	2304
02B	715902	2069
03C	749283	2301

解答例

プログラム

```
01  df_ordinfo.groupby("店舗名")["合計金額"].agg(["sum", "max"])
```

解説

01 変数df_ordinfoの列「店舗名」をグループ化し、グループごとに列「合計金額」の合計値と最大値を求める。

プログラム：4-5-1_p10

- 変数**df_ordinfo**から、行に使う列名を「店舗名」、列に使う列名を「来店時間帯」と指定して、列「合計金額」の合計値を求めたピボットテーブルを作成する。

実行結果例

来店時間帯 店舗名	01朝	02日中	03夜間
01A	131686	268968	345662
02B	118908	281509	315485
03C	119095	277444	352744

```
01  df_ordinfo.pivot_table("合計金額", aggfunc="sum", index="店舗名", columns="来店時間帯")
```

01 変数df_ordinfoから、行に使う列名を「店舗名」、列に使う列名を「来店時間帯」と指定して、列「合計金額」の合計値を求めたピボットテーブルを作成する。

✎ 実習問題②

- 概要 ：衣料品販売店のアンケート評価と会員のデータを使って、データの加工や集計を行いましょう。
- 実習ファイル：Chap4_practice.ipynb、customer_survey.csv、customer_info.csv

次の流れで、実行結果例となるようなプログラムを作成してください。

● プログラム：4-5-2_p1

- CSVファイル「customer_survey.csv」には、1行につき購入番号に対応したアンケート評価の情報が格納されている。
- CSVファイル「customer_survey.csv」を読み込み、データフレームを作成して変数df_custservey に代入する。※ここではデータ型の指定を省略する
- 変数df_custserveyのデータフレームを表示する。

	購入番号	購入日	会員番号	購入個数	商品満足度	Webの使いやすさ	サポート評価	配送評価
0	3227	2023/4/3	492	8	5	4	3	5
1	3228	2023/4/3	122	13	5	3	4	3
2	3229	2023/4/3	36	10	3	5	3	3
2098	5325	2024/3/31	154	8	3	5	3	4
2099	5326	2024/3/31	395	10	4	5	5	4

2100 rows × 8 columns

```
01  df_custservey = pd.read_csv("customer_survey.csv")
02  df_custservey
```

01 CSVファイル「customer_survey.csv」を、データ型にobject型を指定して読み込み、作成したデータフレームを変数df_custserveyに代入する。

02 変数df_custserveyのデータフレームを表示する。

🖱 プログラム：4-5-2_p2

- **CSVファイル「customer_info.csv」には、1行につき会員番号に対応した会員の情報が格納されている。**
- **CSVファイル「customer_info.csv」を読み込み、データフレームを作成して変数df_custinfoに代入する。※ここではデータ型の指定を省略する**
- **変数df_custinfoのデータフレームを表示する。**

実行結果例

	会員番号	年齢	性別
0	1	70	男性
1	2	33	男性
2	3	34	女性
481	498	35	男性
482	499	26	女性
483	500	32	女性

484 rows × 3 columns

📋 解答例

プログラム

```
01 df_custinfo = pd.read_csv("customer_info.csv")
02 df_custinfo
```

解説

01 CSVファイル「customer_info.csv」を読み込み、作成したデータフレームを変数df_custinfoに代入する。

02 変数df_custinfoのデータフレームを表示する。

🖱 プログラム：4-5-2_p3

- **変数df_custserveyと変数df_custinfoのデータフレームをキー列「会員番号」で左外部結合し、変数df_custmergeに代入する。**
- **変数df_custmergeのデータフレームを表示する。**

実行結果例

	購入番号	購入日	会員番号	購入個数	商品満足度	Webの使いやすさ	サポート評価	配送評価	年齢	性別
0	3227	2023/4/3	492	8	5	4	3	5	54	男性
1	3228	2023/4/3	122	13	5	3	4	3	70	女性
2098	5325	2024/3/31	154	8	3	5	3	4	27	女性
2099	5326	2024/3/31	395	10	4	5	5	4	32	女性

2100 rows × 10 columns

📖 解答例

プログラム

```
01 df_custmerge = pd.merge(df_custservey, df_custinfo, how="left", on="会員番号")
02 df_custmerge
```

解説

01 変数df_custserveyと変数df_custinfoのデータフレームをキー列「会員番号」で左外部結合し、変数df_custmergeに代入する。
02 変数df_custmergeのデータフレームを表示する。

🔵 プログラム：4-5-2_p4

- 変数range_liに、リストで「0, 10, 20, 30, 40, 50, 60, 70, 80, 90, 100」の値を代入する。
- 変数df_custmergeの列「年齢」のデータを変数range_liの区間で、下限の境界値を含むようにして離散化し、変数df_mergeに列「年齢層」を追加して代入する。
- 変数df_custmergeのデータフレームを表示する。

実行結果例

	購入番号	購入日	会員番号	購入個数	商品満足度	Webの使いやすさ	サポート評価	配送評価	年齢	性別	年齢層
0	3227	2023/4/3	492	8	5	4	3	5	54	男性	[50, 60)
1	3228	2023/4/3	122	13	5	3	4	3	70	女性	[70, 80)
2098	5325	2024/3/31	154	8	3	5	3	4	27	女性	[20, 30)
2099	5326	2024/3/31	395	10	4	5	5	4	32	女性	[30, 40)

2100 rows × 11 columns

📖 解答例

プログラム

```
01 range_li = [0, 10, 20, 30, 40, 50, 60, 70, 80, 90, 100]
02 df_custmerge["年齢層"] = pd.cut(df_custmerge["年齢"], bins=range_li, right=False)
03 df_custmerge
```

01 変数range_liに、リスト「0, 10, 20, 30, 40, 50, 60, 70, 80, 90, 100」を代入する。

02 変数df_custmergeの列「年齢」のデータを変数range_liの区間で、下限の境界値を含むようにして離散化し、変数df_custmergeに列「年齢層」を追加して代入する。

03 変数df_custmergeのデータフレームを表示する。

● プログラム：4-5-2_p5

- 変数df_custmerge を列「年齢層」でグループ化し、グループごとに購入個数の合計値、商品満足度の平均値、Webの使いやすさの平均値、サポート評価の平均値、配送評価の平均値を求める。
  ※該当するデータが1件もないグループも表示する

実行結果例

年齢層	購入個数 sum	商品満足度 mean	Webの使いやすさ mean	サポート評価 mean	配送評価 mean
[0, 10)	0	NaN	NaN	NaN	NaN
[10, 20)	460	3.553571	3.982143	4.214286	4.017857
[20, 30)	6449	3.425560	4.094862	3.823452	4.133070
[30, 40)	4201	3.575258	4.105155	3.686598	4.177320
[40, 50)	1291	4.033557	4.134228	2.523490	4.073826
[50, 60)	3844	4.358531	4.056156	3.043197	4.088553
[60, 70)	1112	4.165354	4.023622	3.629921	4.062992
[70, 80)	546	4.409836	3.918033	2.901639	3.950820
[80, 90)	0	NaN	NaN	NaN	NaN
[90, 100)	0	NaN	NaN	NaN	NaN

解答例

プログラム

```
01  df_custmerge.groupby("年齢層", observed=False).agg({"購入個数":["sum"], "商品満足度":["mean"], "Webの使いやすさ":["mean"], "サポート評価":["mean"], "配送評価":["mean"]})
```

解説

01 変数df_custmergeの列「年齢層」でグループ化し、グループごとに列「購入個数」の合計値、列「商品満足度」の平均値、列「Webの使いやすさ」の平均値、列「サポート評価」の平均値、列「配送評価」の平均値を求める。

## 第 5 章

データの
可視化を行う

5-1 データの可視化

膨大な量のデータは、グラフでビジュアル的に表現すると、データの全体像がとらえやすくなります。様々なグラフがあるので、グラフの種類や使い分け方について学びましょう。

5-1-1 データの要約

要約とは、データを集約した結果をまとめたり、グラフで表したりして、データ全体の特徴をわかりやすくすることです。膨大な量の生のデータを見ても、データ全体の特徴をとらえることは困難です。そのため、集計や基本統計量算出、グラフ化などを行い、データを俯瞰できるようにします。

東京の気象情報

年度	月	平均気温	平均湿度	合計日照時間	平均気圧
2023	1	5.7	55	195	1013.4
2023	2	7.3	54	178.6	1016.6
2023	3	12.9	68	164.1	1016.3
⋮	⋮	⋮	⋮	⋮	⋮

要約

集計

年度	平均気温
2023	17.6
2022	16.4
2021	16.6
2020	16.5
2019	16.5
2018	16.8
⋮	⋮

基本統計量算出

	平均気温
count	36
mean	16.883333
std	7.637483
min	4.9
25%	10.525
50%	16.75
75%	23.05
max	29.2

相関係数
r = -0.73

グラフ化

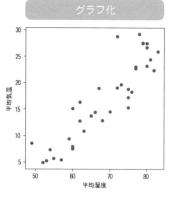

データの要約により、データの特徴やパターンを見い出し、その情報をもとに仮説を立てられるようになります。仮説とは、データに隠された関係性・傾向に関する推測や予測を行うことです。例えば「気温が売上に影響を与える」「30代の女性が売上に影響を与える」といった仮説を立てることができます。仮

説により、データ分析において分析すべきポイントが明確になります。

　ほかにも、ある1項目のデータ分布を確認したいときや、2つのデータの関係性を確認するときにも、データの要約を行います。また、第6章で触れる機械学習でデータを分析する前に、データの特徴を見ることで、効率的に分析していくことができます。

　なお、調査対象の性質を表した数値データのことを**変量**といいます。表形式のデータの場合、数値データが格納された「列」が変量にあたります。

> 特に会社で何らかの意思決定を行うときは、データを視覚化したグラフが重宝されるよ。

5-1-2 グラフの種類

　データの特徴から仮説を立てる場合や、データの特徴を人に説明する場合、データをグラフ化することで、よりデータや変量の特徴を把握しやすくなります。一般的に、次の4つの観点でグラフを使い分けます。

● 量を比較する(例：棒グラフ、折れ線グラフ)

　合計や平均など、集計したデータの結果に違いがあるかどうかの確認には、棒グラフや折れ線グラフを使います。

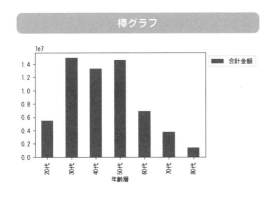

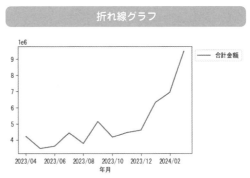

● 比率を比較する(例：帯グラフ)

　集計したデータの結果が、どのような構成(割合)になっているのかどうかの確認には、帯グラフを使います。

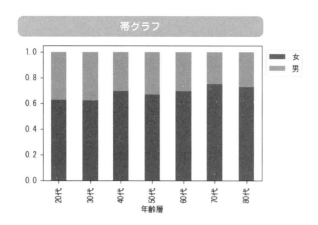

関係性を見る（例：散布図）

複数の変量間で相関がありそうかどうかの確認には、散布図を使います。

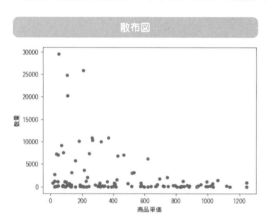

分布を見る（例：ヒストグラム、箱ひげ図）

データの出現頻度（分布）の確認には、ヒストグラムや箱ひげ図を使います。どのあたりにデータが集中しているかや、外れ値が含まれているかなどを確認できます。

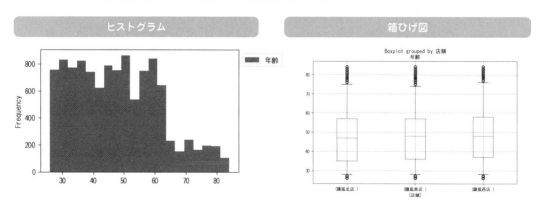

5-2 Matplotlibの基本

Pythonでグラフを描画するために欠かせないライブラリがMatplotlibです。Matplotlibで様々なグラフを描画できますが、処理の流れはいずれのグラフも同じです。ここでは、基本的な使い方を説明します。

5-2-1 Matplotlibとは

Matplotlibは、主に2次元グラフを作成するためのライブラリです。主要なグラフ作成の機能を持っており、データ分析に広く利用されています。

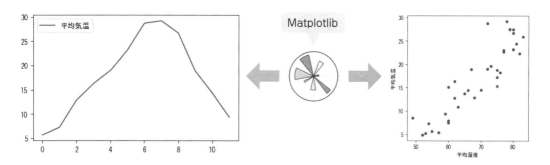

MatplotlibはPandasと高い互換性を持っており、データフレームが持つデータを使ってグラフを描画できます。そのため、Pandasでデータを加工したり、集計したりしたあと、Matplotlibでデータを可視化する流れが一般的です。

また、Matplotlibは、各種グラフを描くためのパラメーター指定について、共通的な規約を持っているため、異なるグラフを描く場合も容易に設定できます。

5-2-2 Matplotlibの共通的な使い方

Matplotlibを使って様々なグラフを作成できますが、いずれのグラフもプログラムの流れは、大きく次のような6段階に分けられます。

①ライブラリのインポート	`import pandas as pd` `import matplotlib.pyplot as plt`
②データの加工と集計	`df = pd.read_csv( … )` `df = df.groupby( … )[ … ].sum()`
③グラフ描画用オブジェクトの作成	`fig = plt.figure(figsize=(5, 3))`
④グラフの描画位置の指定	`ax = fig.add_subplot(1, 1, 1)`
⑤グラフの描画方法と利用データの指定	`df.plot(kind="bar", ax=ax)`
⑥詳細な描画設定とグラフ描画	`plt.legend( … )` `plt.show()`

①でライブラリをインポートしたあとは、②でデータの加工と集計を行います。データフレームを作成し、データをグループ化したり、ピボットテーブルを作成したりします。そのあと、③〜⑥でMatplotlibを使って、グラフを描画するための準備とグラフの描画を行います。

なお、⑤で指定するグラフの種類によっては、上記以外の関数やメソッドも使いますが、準備から描画までの流れは同じです。また、細かい設定を行う場合も、ここに設定用の関数やメソッドを呼び出す必要があります。

それでは、③〜⑥の段階で利用する基本的な関数やメソッドを1つずつ確認していきましょう。

> この基本的な流れをおさえたうえで、次節からグラフ固有の設定を学んでいこう。

③グラフ描画用オブジェクトの作成

③では、Matplotlibの**Figureオブジェクト**を作成します。Figureオブジェクトは、グラフを描画するためのキャンバスのようなもので、キャンバス上にグラフを描画します。また、Figureオブジェクトを作成するときは、キャンバスの大きさ（描画領域）を指定することも可能です。

Figureオブジェクトを作成するには、matplotlib.pyplot.figure関数を使います。本書では、Matplotlibのpyplotモジュールをインポートする際に「plt」とエイリアスを付けるため、matplotlib.pyplot.figure関数は**plt.figure**で呼び出せます。以降も、matplotlib.pyplotは「plt」と表記します。

グラフ描画用オブジェクトを作成する

plt.figure関数で、グラフ描画用オブジェクトを作成します。キーワード引数のfigsizeには、描画領域の大きさを指定できます。引数figsizeは省略することも可能で、省略した場合は実行環境に応じた大きさが設定されます。

構文	**変数名 = plt.figure([figsize=(幅 , 高さ)])**

例：変数figに、幅を5、高さを3で作成したFigureオブジェクトを代入する。

```
fig = plt.figure(figsize=(5, 3))
```

④グラフの描画位置の指定

グラフを描画するためのキャンバス（Figureオブジェクト）を作成したあとは、個々のグラフを表す**AxesSubplotオブジェクト**を作成します。AxesSubplotオブジェクトは**Axesオブジェクト**とも呼ばれており、キャンバス上のどの位置にグラフを描画するか、グラフのデータや軸など、グラフの具体的な情報を持ちます。

Axesオブジェクトは、Figureオブジェクトからadd_subplotメソッドを呼び出すことで作成できます。

グラフの描画位置の指定

Figureオブジェクトからadd_subplotメソッドを呼び出し、引数でキャンバスのどの位置にグラフを描画するかを指定します。キャンバスの領域は行数と列数を指定して分割するため、第1引数で分割する行数、第2引数で分割する列数、そして第3引数でグラフの表示位置を指定します。

構文	**変数名 = Figure オブジェクト .add_subplot(行数 , 列数 , グラフの表示位置)**

例：変数axに、行数を1、列数を1、グラフの表示位置を1で作成したAxesオブジェクトを代入する。

```
ax = fig.add_subplot(1, 1, 1)
```

例のプログラムは、行数に1、列数に1、グラフの表示位置に1を指定しているため、キャンバス全面にグラフを描画する指定です。なお、この例のように1つのグラフだけを表示したい場合には、引数の「1, 1, 1」は省略することができます。

キャンバスの領域を6分割してグラフを6つ描画したい場合は、行数に2、列数に3などと指定します。グラフの表示位置に2を指定すると、1行目の2列目に描画できます。

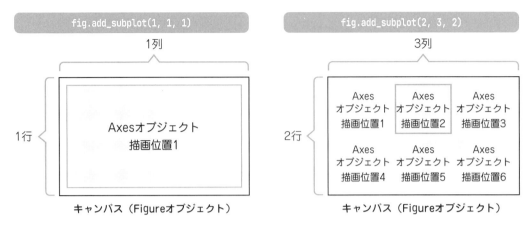

Figureオブジェクトの中に、複数のAxesオブジェクトを入れられるんだ。

⑤グラフの描画方法と利用データの指定

データをグラフでどのように描画するかは、**plotメソッド**で指定します。plotメソッドは、データフレームやAxesオブジェクトなどに用意されており、作りたいグラフに応じて使い分けます。データフレームからplotメソッドを呼び出す場合は、引数kindでグラフの種類を、引数axでAxesオブジェクトを指定します。ここではデータフレームからplotメソッドを呼び出す方法を説明します。

グラフの描画方法と利用データの指定

データフレームからplotメソッドを呼び出す場合、キーワード引数のkindにはグラフの種類、axにはAxesオブジェクトを指定します。

構文	データフレーム.plot(kind="グラフの種類", ax=Axesオブジェクト, ...)

例：変数dfのグラフ描画設定に、グラフの種類は「棒グラフ（垂直）」、Axesオブジェクトは変数axを指定する。

```
df.plot(kind="bar", ax=ax)
```

plotメソッドには、様々なキーワード引数が用意されており、どのようなグラフを描画するかを設定できます。

plotメソッドの主なキーワード引数

キーワード引数	概要
kind="グラフの種類"	グラフの種類を指定する。
ax=Axesオブジェクト	紐付けたいAxesオブジェクトを指定する。
x="列名"	横軸（x軸）のデータを指定する。
y="列名"	縦軸（y軸）のデータを指定する。
marker="マーカーの形状"	マーカーの形状を指定する。
color="色の名前"	データの線や点などの色を指定する。
alpha=数値	データの線や点などの透明度を設定する。0 〜 1の範囲で指定し、0に近い方が透明度が高くなる。

　引数xや引数yを省略した場合は、自動的に横軸と縦軸にデータが設定されます。他のキーワード引数も同様に、省略した場合はデータは合わせて自動的に設定されます。

　引数kindに指定できる主なグラフの種類は、次のとおりです。

主なグラフの種類

kindの値	グラフの種類
line	折れ線グラフ
bar	棒グラフ（垂直）
barh	棒グラフ（水平）
hist	ヒストグラム
scatter	散布図
box	箱ひげ図
pie	円グラフ

　なお、引数kindを省略すると、デフォルト値の「line」が設定されます。このため、折れ線グラフを描画する場合は、引数kindを省略することができます。

⑥詳細な描画設定とグラフ描画

　グラフの描画方法と利用データを指定したあとは、詳細な描画設定を行ってグラフを描画します。詳細な描画設定に関するメソッドは、様々なものが用意されているので、描画したい内容に合わせて使い分けます。ここでは凡例の設定を行う**plt.legend関数**を説明します。そして、詳細な描画設定を行ったあとは、**plt.show関数**でグラフを描画します。

詳細な描画設定とグラフ描画

plt.legend関数で凡例の表示に関する設定を行えます。引数locに「upper left」、引数bbox_to_anchorに(1, 1)を指定すると、グラフ描画の枠外の右上に表示できます。引数を省略した場合は、Matplotlibが自動的に位置を設定します。設定を行ったあとは、plt.show関数でグラフを描画します。

※ここでは凡例の描画位置を「グラフ描画の枠外の右上」に固定しています。引数locおよび、引数locと引数bbox_to_anchorの組合せによって、凡例の描画位置が決まります。

構文	`plt.legend([loc="upper left", bbox_to_anchor=(1, 1)])` `plt.show()`

例：凡例の表示位置を、グラフ描画の枠外の右上に設定する。グラフを描画する。

```
plt.legend(loc="upper left", bbox_to_anchor=(1, 1))
plt.show()
```

plt.legend関数のほかにも次のような関数があり、詳細な描画設定を行えます。

描画設定の関数

関数	概要
plt.title("タイトル")	グラフのタイトルを設定する。
plt.grid()	目盛り線の描画を設定する。
plt.xlabel("文字列")	x軸のラベルを設定する。
plt.ylabel("文字列")	y軸のラベルを設定する。

データに日本語が含まれる場合

Matplotlibは初期設定の状態で、ひらがなや漢字などの日本語が含まれているグラフを描画した場合、日本語が文字化けします。文字化けを防ぐためには、グラフ描画に使用するフォントに、ひらがなや漢字が含まれるフォントの指定が必要です。フォントの指定は、次の形式で行えます。

```
plt.rcParams["font.family"] = "MS Gothic"
```

「MS Gothic（MSゴシック）」は、Windowsに標準でインストールされているフォントで、ひらがなや漢字が含まれています。一度実行すれば、それ以降に描画するグラフでは、日本語を表示できます。ライブラリをインポートした直後に実行するとよいでしょう。本書では、「MS Gothic」を指定して、グラフで日本語を表示します。

なお、macOSの場合は「Yu Gothic（游ゴシック）」を指定しましょう。

実践してみよう

　ここまでに説明したメソッドや関数を使って、シンプルな棒グラフを描画してみましょう。グラフの描画に使用するデータには日本語が含まれているため、ライブラリをインポートしたあとに、フォントの設定を行います。

構文の使用例

プログラム：5-2-2_1

```
01  import pandas as pd
02  import matplotlib.pyplot as plt
03
04  plt.rcParams["font.family"] = "MS Gothic"
```

解説

01	pandasモジュールにpdと別名を付けてインポートする。
02	matplotlib.pyplotモジュールにpltと別名を付けてインポートする。
03	
04	グラフ描画に使用するフォントに「MS Gothic」を指定する。

　Ctrl + Enter または Shift + Enter を押して実行します。実行すると、セルの下には何も表示されず、セルの横にある [ ] 内に実行したことを表す数字が表示されます。その状態で、以降のプログラムを実行してください。

　続いて、CSVファイル「demo5-2.csv」を読み込んで、データフレームを作成します。ここでは、6件のデータが読み込まれます。データフレームを作成するだけなので、解説は省略します。

プログラム：5-2-2_2

```
01  df = pd.read_csv("demo5-2.csv", dtype="object")
02  df
```

実行結果

	商品名	販売店	販売個数
0	商品A	東京	65
1	商品B	大阪	38
2	商品C	東京	123
3	商品A	大阪	42
4	商品B	東京	130
5	商品C	大阪	40

CSVファイル「demo5-2.csv」は、商品の販売店と販売個数がまとめられています。商品ごとの販売個数を棒グラフにするために、データの加工と集計を行っていきましょう。

プログラム：5-2-2_3

```
01  df[["販売個数"]] = df[["販売個数"]].astype("int32")
02  df.dtypes
```

解説

01　変数dfの列「販売個数」のデータ型をint32型に変換し、変数dfの列「販売個数」に代入する。
02　変数dfのデータ型を表示する。

実行結果

```
商品名      object
販売店      object
販売個数       int32
dtype: object
```

商品ごとの販売個数の合計値を求めるために、列「販売個数」のデータ型をint32型に変換しました。この状態で、商品名ごとにグループ化して、販売個数の合計値を求めます。

プログラム：5-2-2_4

```
01  df_sum = df.groupby("商品名")["販売個数"].sum()
02  df_sum
```

解説

01　変数dfの列「商品名」をグループ化し、グループごとに列「販売個数」の合計値を求めて、変数df_sumに代入する。
02　変数df_sumのデータフレームを表示する。

実行結果

```
商品名
商品A    107
商品B    168
商品C    163
Name: 販売個数, dtype: int32
```

これでグラフに利用するデータの準備は完了です。変数df_sumに格納したデータフレームを使って、棒グラフを描画します。

```
01  fig = plt.figure(figsize=(5, 3))
02  ax = fig.add_subplot(1, 1, 1)
03  df_sum.plot(kind="bar", ax=ax)
04  plt.legend(loc="upper left", bbox_to_anchor=(1, 1))
05  plt.show()
```

解説

01 変数figに、幅を5、高さを3で作成したFigureオブジェクトを代入する。

02 変数axに、行数を1、列数を1、グラフの表示位置を1で作成したAxesオブジェクトを代入する。

03 変数df_sumのグラフ描画設定で、グラフの種類を「棒グラフ（垂直）」、Axesオブジェクトを変数axに指定する。

04 凡例の表示位置を、グラフ描画の枠外の右上に設定する。

05 グラフを描画する。

実行結果

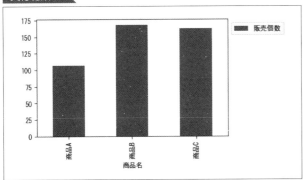

　1行目は、P.166の「③グラフ描画用オブジェクトの作成」に該当する処理です。グラフを描画するためのキャンバス（Figureオブジェクト）を作成して、変数figに代入しています。また、作成したFigureオブジェクトは、引数figsizeにより、幅が5、高さが3に設定されています。

　2行目は、P.167の「④グラフの描画位置の指定」に該当する処理です。行数を1、列数を1、グラフの表示位置を1に指定してAxesオブジェクトを作成し、変数axに代入しています。

　3行目は、P.168の「⑤グラフの描画方法と利用データの指定」に該当する処理です。データフレームからplotメソッドを呼び出しています。引数kindに「bar」を指定することで、棒グラフ（垂直）が描画されます。

　そして、4行目と5行目は、P.169の「⑥詳細な描画設定とグラフ描画」に該当する処理です。plt.legend関数で凡例の表示位置を指定し、plt.show関数でグラフを描画します。

ここまでが、Matplotlibを使ってグラフを作成するプログラムの流れだよ。

5-3 分布

データがどのように分布しているのかを調べる際に、平均値や中央値といった値を算出したり、グラフで可視化したりすることは有効です。ここでは、データの分析に必要な基本統計量の求め方や、ヒストグラムや箱ひげ図といったデータの分布を可視化するグラフの作成方法を解説します。

5-3-1 基本統計量

基本統計量とは、データにどのような特徴があるかを表す値のことです。基本統計量には、用途によって次のような種類があります。

基本統計量の種類

用途	基本統計量	説明
代表的な値の把握	平均値	データの合計をデータ数で割った値
	中央値	データを順番に並べ替えた後の中央にある値
範囲の把握	最小値	データの中の最小の値
	最大値	データの中の最大の値
値のばらつきの把握	分散	平均とデータの差を二乗して合計し、データ数で割った値
	標準偏差	分散の平方根を求めた値
	四分位数	データを順番に並べたとき、4等分する位置にある値

平均値や中央値で代表的な値を把握する

データが大まかにどのような値なのかを把握するには、**平均値**や**中央値**を求めるとよいでしょう。平均値と中央値の特徴やNumPyによる求め方は、P.81で詳しく解説しています。

Pandasのデータフレームでは、meanメソッドとmedianメソッドで、データフレーム内の数値の平均値や中央値を求めることができます。ただし、このとき引数numeric_onlyにTrueを指定しないと、数値ではない列のデータ（文字列や日付など）も計算しようとしてエラーになるため、注意してください。

```
データフレーム.mean(numeric_only=True)    平均値を求める
データフレーム.median(numeric_only=True)   中央値を求める
```

最小値や最大値でデータの範囲を把握する

データの**最小値**や**最大値**を求めるには、minメソッドやmaxメソッドを使います。引数numeric_onlyにTrueを指定しなくてもエラーにはなりませんが、数値ではない列のデータの最小値や最大値はあまり必要がないので、指定しておくとよいでしょう。

データフレーム.min(numeric_only=True) ←――――――― 最小値を求める
データフレーム.max(numeric_only=True) ←――――――― 最大値を求める

分散や標準偏差、四分位数でデータのばらつきを把握する

分散や**標準偏差**（P.84参照）は、Pandasのデータフレームではvarメソッドとstdメソッドを使って求めることができます。これらのメソッドも、数値ではない列のデータを計算するとエラーになるため、同様に引数numeric_onlyにTrueを指定する必要があります。

データフレーム.var(numeric_only=True) ←――――――― 分散を求める
データフレーム.std(numeric_only=True) ←――――――― 標準偏差を求める

また、データのばらつきを調べるために、**四分位数**という基本統計量を用いることもあります。四分位数とは、すべてのデータを順番に並べた際に、データを4等分した位置にある値のことです。

最小値と最大値の間に、1/4の地点の値である第1四分位数、1/2の地点の値である第2四分位数（中央値）、3/4の地点の値である第3四分位数があります。

Pandasのデータフレームで四分位数を求めるには、quatileメソッドを使用し、引数の最初に求めたい四分位数の位置を0から1までの数値で指定します。例えば、1/4の位置にある第1四分位数を求めるには0.25を、3/4の位置にある第3四分位数を求めるには0.75を指定します。また、meanメソッドやmedianメソッドと同様に、引数numeric_onlyにTrueを指定する必要があります。

```
データフレーム.quatile(0.25, numeric_only=True)      第1四分位数を求める
データフレーム.quatile(0.75, numeric_only=True)      第3四分位数を求める
```

quantileメソッドには、0.25や0.75といった4分割する値以外でも指定できるんだ。例えば、quantile(0.1)と指定すると、データを10分割したときの1/10の位置の値が求められるよ。

基本統計量をまとめて把握する

これまでに説明したような基本統計量は、describeメソッドを使うと、一度にまとめて表示できます。なお、describeメソッドに引数を指定しない場合、数値データの列に対する基本統計量のみを表示します。数値データには、int32型やdatetime64型のようなデータ型のデータが含まれます。

```
データフレーム.describe()
```

データフレームの数値データの列に対して、主要な基本統計量を算出するよ（P.174参照）。

基本統計量は、データの傾向を数値で把握できることから様々な用途で使われます。例えば、算出した数値そのものを何らかの施策を立てるためのヒントにしたり、データの分布を確認したり、外れ値の有無を確認したりすることに使われます。また、後述する機械学習の特徴量として使われるケースもあります。

実践してみよう

CSVファイル「demo5-3.csv」を読み込んで、データフレームを作成し、主要な基本統計量と平均値、中央値を求めましょう。

構文の使用例

プログラム：5-3-1_1

```
01  df = pd.read_csv("demo5-3.csv", dtype="object")
02  df[["合計金額", "年齢"]] = df[["合計金額", "年齢"]].astype("int32")
03  df
```

01 CSVファイル「demo5-3.csv」をデータ型にobject型を指定して読み込み、データフレームを作成して変数dfに代入する。

02 変数dfの列「合計金額」「年齢」のデータ型をint32型に変換し、変数dfの列「合計金額」「年齢」に代入する。

03 変数dfのデータフレームを表示する。

実行結果

	レシートNo	年月日	年月	時間	時間帯	曜日	店舗	顧客コード	性別	年齢	年齢層	合計金額
0	536390	2023-04-01	2023/04	10:19	10時台	04_水曜日	鎌風北店	10882	女	28	20代	24760
1	536396	2023-04-01	2023/04	10:51	10時台	04_水曜日	鎌風東店	10031	女	81	80代	5898
2	536398	2023-04-01	2023/04	10:52	10時台	04_水曜日	鎌風東店	13128	男	28	20代	2214
3	536401	2023-04-01	2023/04	11:21	11時台	04_水曜日	鎌風西店	13884	女	32	30代	954
11014	579536	2024-03-31	2024/03	9:53	09時台	04_水曜日	鎌風北店	13486	女	49	40代	5337

11015 rows × 12 columns

11015件のデータが読み込まれます。作成したデータフレームから、主要な基本統計量を算出します。ここでは、数値データの列である「年齢」と「合計金額」に対して、主要な基本統計量が算出されることになります。

プログラム：5-3-1_2

```
01 df.describe()
```

解説

01 変数dfのデータフレームから、主要な基本統計量を算出する。

実行結果

	年齢	合計金額	
count	11015.000000	11015.000000	データ件数
mean	47.747708	5501.302951	平均値
std	13.969440	6706.324415	標準偏差
min	26.000000	49.000000	最小値
25%	36.000000	1876.000000	第1四分位数
50%	47.000000	3519.000000	第2四分位数
75%	58.000000	6674.500000	第3四分位数
max	84.000000	120320.000000	最大値

次に、平均値を算出します。

```
01 df.mean(numeric_only=True)
```

解説

01 変数dfの数値データの列の平均値を算出する。

実行結果

```
年齢        47.747708
合計金額    5501.302951
dtype: float64
```

次に、中央値を算出します。

```
01 df.median(numeric_only=True)
```

解説

01 変数dfの数値データの列の中央値を算出する。

実行結果

```
年齢        47.0
合計金額    3519.0
dtype: float64
```

 ## よく起きるエラー

引数numeric_onlyにTrueを指定しないと、エラーになります。

実行結果

```
--------------------------------------------------------------------
TypeError                           Traceback (most recent call last)
Cell In[12], line 1
----> 1 df.median()

TypeError: Cannot convert [['536390' '536396' '536398' ... '579533' '579535' '579536']
 ['2023-04-01' '2023-04-01' '2023-04-01' ... '2024-03-31' '2024-03-31'
  '2024-03-31']
 ['2023/04' '2023/04' '2023/04' ... '2024/03' '2024/03' '2024/03']
 ...
 ['鎌風北店' '鎌風東店' '鎌風東店' ... '鎌風北店' '鎌風西店' '鎌風北店']
 ['10882' '10031' '13128' ... '13462' '12430' '13486']
 ['女' '女' '男' ... '男' '女' '女']] to numeric
```

- エラーの発生場所 : 1行目「df.median()」
- エラーの意味　　　: 数値ではない列のデータは計算できない。

```
01  df.median()─────── 引数に「numeric_only=True」を指定していない
```

- 対処方法 :「df.median(numeric_only=True)」に修正する。または、「df[["年齢", "合計金額"]].
  median()」のように列名を指定する。

様々な基本統計量を算出する

分散を算出します。

プログラム : 5-3-1_5

```
01  df.var(numeric_only=True)
```

解説

01 変数dfの数値データの列の分散を算出する。

実行結果

```
年齢      1.951453e+02
合計金額   4.497479e+07
dtype: float64
```

標準偏差を算出します。

プログラム : 5-3-1_6

```
01  df.std(numeric_only=True)
```

解説

01 変数dfの数値データの列の標準偏差を算出する。

実行結果

```
年齢      13.969440
合計金額   6706.324415
dtype: float64
```

最小値を算出します。

プログラム : 5-3-1_7

```
01  df.min(numeric_only=True)
```

01 変数dfの数値データの列の最小値を算出する。

```
年齢        26
合計金額     49
dtype: int32
```

最大値を算出します。

```
01 df.max(numeric_only=True)
```

01 変数dfの数値データの列の最大値を算出する。

```
年齢          84
合計金額    120320
dtype: int32
```

第1四分位数を算出します。

```
01 df.quantile(0.25, numeric_only=True)
```

01 変数dfの数値データの列の第1四分位数を算出する。

```
年齢        36.0
合計金額    1876.0
Name: 0.25, dtype: float64
```

第3四分位数を算出します。

```
01 df.quantile(0.75, numeric_only=True)
```

解説

01 変数dfの数値データの列の第3四分位数を算出する。

実行結果

```
年齢        58.0
合計金額     6674.5
Name: 0.75, dtype: float64
```

(Reference)

数値データ以外の基本統計量を確認する

describeメソッドは、数値データの列に対する基本統計量を算出します。数値データには、int32型やdatetime64型のようなデータ型が含まれますが、数値データの列以外に、文字列のようなデータも合わせて基本統計量を確認するには、「include="all"」のようにキーワード引数を指定します。なお、値が算出できない部分には「NaN」(データが入っていない状態)と表示されます。

プログラム:5-3-1_r1

```
01 df.describe(include="all")
```

実行結果

	レシートNo	年月日	年月	時間	時間帯	曜日	店舗	顧客コード	性別	年齢	年齢層	合計金額
count	11015	11015	11015	11015	11015	11015	11015	11015	11015	11015.000000	11015	11015.000000
unique	11015	297	12	713	14	6	3	1556	2	NaN	7	NaN
top	536390	2024-03-18	2024/03	12:00	12時台	05_木曜日	鎌風北店	12338	女	NaN	50代	NaN
freq	1	85	1729	45	1919	2216	3928	18	7323	NaN	2720	NaN
mean	NaN	NaN	NaN	NaN	NaN	NaN	NaN	NaN	NaN	47.747708	NaN	5501.302951
std	NaN	NaN	NaN	NaN	NaN	NaN	NaN	NaN	NaN	13.969440	NaN	6706.324415
min	NaN	NaN	NaN	NaN	NaN	NaN	NaN	NaN	NaN	26.000000	NaN	49.000000
25%	NaN	NaN	NaN	NaN	NaN	NaN	NaN	NaN	NaN	36.000000	NaN	1876.000000
50%	NaN	NaN	NaN	NaN	NaN	NaN	NaN	NaN	NaN	47.000000	NaN	3519.000000
75%	NaN	NaN	NaN	NaN	NaN	NaN	NaN	NaN	NaN	58.000000	NaN	6674.500000
max	NaN	NaN	NaN	NaN	NaN	NaN	NaN	NaN	NaN	84.000000	NaN	120320.000000

実行結果の左端には、今まで表示されなかった基本統計量が表示されているね。uniqueは文字列の種類、topは頻出の文字列、freqは頻出の文字列の数を表しているんだ。

5-3-2 ヒストグラム

「どのあたりの数値データが多いか」など、データの分布を確認するためには、ヒストグラムや箱ひげ図を使います。

ヒストグラムとは、度数分布表をグラフ化したものであり、データを一定の範囲（階級別のデータ区間）に分けて、各データ区間に入る数（度数）を柱の形で表したグラフです。データの中心がどのあたりで、中心の周りにデータがどの程度の範囲でばらついているかなど、データの特徴を視覚的に把握できます。

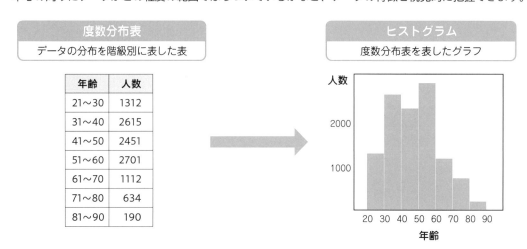

ヒストグラムを作成する方法は、大きく分けて2つあります。データフレームからplotメソッドを呼び出す方法と、histメソッドを呼び出す方法です。

データフレームからplotメソッドを呼び出す場合は、引数yに描画したいデータの列名、引数kindに「hist」、引数binsに階級数（表示する棒の数）、引数axにAxesオブジェクトを指定します。

```
データフレーム.plot(y="列名", kind="hist", bins=階級数, ax=Axesオブジェクト)
```

データフレームからhistメソッドを呼び出す場合は、引数columnに列名、引数binsに階級数、引数axにAxesオブジェクトを指定します。なお、列名を省略した場合は、数値データの列が指定されます。また、引数axの代わりに、引数figsizeにタプルで描画領域の横幅と高さを指定することも可能です。

```
データフレーム.hist(column="列名", bins=階級数, ax=Axesオブジェクト)
```

いずれの方法においても、引数binsの指定を省略した場合は、階級数が10になります。

　P.176で作成した変数dfのデータフレームから、plotメソッドを使って、ヒストグラムを描画してみましょう。

📋 構文の使用例

```
01  fig = plt.figure(figsize=(5, 3))
02  ax = fig.add_subplot(1, 1, 1)
03  df.plot(y="年齢", kind="hist", bins=20, ax=ax)
04  plt.legend(loc="upper left", bbox_to_anchor=(1, 1))
05  plt.show()
```

01　変数figに、幅を5、高さを3で作成したFigureオブジェクトを代入する。

02　変数axに、行数を1、列数を1、グラフの表示位置を1で作成したAxesオブジェクトを代入する。

03　変数dfのグラフの描画設定で、描画データの列名を「年齢」、グラフの種類を「ヒストグラム」、階級数を20、Axesオブジェクトを変数axに指定する。

04　凡例の表示位置を、グラフ描画の枠外の右上に設定する。

05　グラフを描画する。

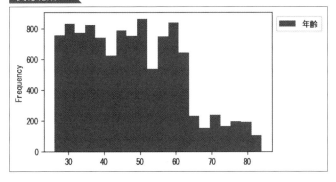

　3行目で引数yに「年齢」、引数kindに「hist」を指定しているので、データフレームの列「年齢」のデータの分布を表すヒストグラムが描画されます。

　次に、引数yを省略した場合のプログラムを実行してみましょう。

```
01  fig = plt.figure(figsize=(5, 3))
02  ax = fig.add_subplot(1, 1, 1)
03  df.plot(kind="hist", bins=20, alpha=0.5, ax=ax)
```

```
04  plt.legend(loc="upper left", bbox_to_anchor=(1, 1))
05  plt.show()
```

01 変数figに、幅を5、高さを3で作成したFigureオブジェクトを代入する。

02 変数axに、行数を1、列数を1、グラフの表示位置を1で作成したAxesオブジェクトを代入する。

03 変数dfのグラフの描画設定で、グラフの種類を「ヒストグラム」、階級数を20、透明度を0.5、Axes
    オブジェクトを変数axに指定する。

04 凡例の表示位置を、グラフ描画の枠外の右上に設定する

05 グラフを描画する。

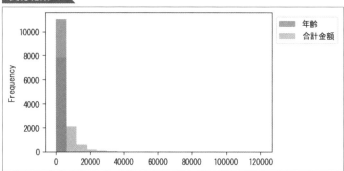

　列名を指定しない場合、複数のヒストグラムが同時に重なった形で表示されます。変数dfのデータフ
レームには、「年齢」と「合計金額」の2つの数値データの列があるため、2つのヒストグラムが重なって
表示されます。引数alphaは、0〜1の間で透明度を指定できます。0.5と指定することで透明度が
50％となり、透明度の重なりによって、重なっている部分がわかりやすくなります。この例では、左端
（一番左のデータ区間）が重なります。

　ただし、「年齢」と「合計金額」では、数値の大きさが異なります。「年齢」は最小値が26、最大値が
84なのに対して、「合計金額」は最小値が49、最大値が120320と幅が大きくなっています。そのため、
2つのヒストグラムを重ねて表示すると、「年齢」のグラフはほとんど左端（一番左のデータ区間）に集
まってしまいます。

　続いて、histメソッドを使って、ヒストグラムを描画してみましょう。

```
01  df.hist(figsize=(12, 4), bins=20)
02  plt.show()
```

01 変数dfのヒストグラムの描画設定で、Figureオブジェクトの幅を12、高さを4、階級数を20に指定す
    る。

02 グラフを描画する。

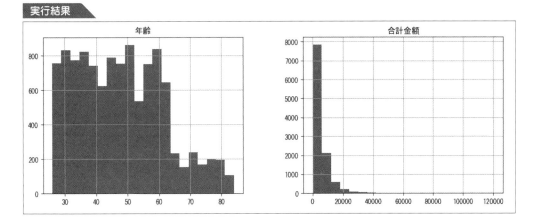

histメソッドを使うと、複数のヒストグラムを一括でそれぞれ描画できます。変数dfのデータフレームには、「年齢」と「合計金額」の2つの数値データの列があるため、この2つのヒストグラムが描画されます。また、histメソッドでヒストグラムを作成すると、デフォルトで枠線が表示されます。

5-3-3 箱ひげ図

箱ひげ図は、四分位数をグラフ化したものです。データのおおよそのばらつきを確認することができます。複数のデータの集合を同軸の箱ひげ図でグラフ化し、データのばらつきの違いを確認する場合などに使います。

箱ひげ図

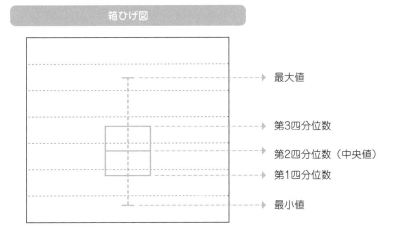

箱ひげ図を作成する主な方法は、大きく分けて２つあります。データフレームからplotメソッドを呼び出す方法と、boxplotメソッドを呼び出す方法です。

　plotメソッドを呼び出す場合は、引数yに描画したいデータの列名、引数kindに「box」、引数axにAxesオブジェクトを指定します。

```
データフレーム.plot(y="列名", kind="box", ax=Axesオブジェクト)
```

　boxplotメソッドを呼び出す場合は、引数columnに描画したいデータの列名、引数axにAxesオブジェクトを指定します。

```
データフレーム.boxplot(column="列名", ax=Axesオブジェクト)
```

　なお、データの中には、極端に大きかったり小さかったりする**外れ値**（P.82参照）を含む場合があります。箱ひげ図では、外れ値を自動で判定し、丸の形で表示します。また、引数whisを指定することで、ひげの位置を指定できます。例えば、whis=[5, 95]と指定することで、下位5%以下と上位95%以上のデータを外れ値として扱えます。

> 箱ひげ図は、ちょっとイメージがしづらいかもしれないけど、縦方向にどんな感じでデータがばらついているかを、1/4の範囲に分けて把握できるものだよ。

実践してみよう

　P.176で作成した変数dfのデータフレームから、plotメソッドを使って、箱ひげ図を描画してみましょう。

構文の使用例

プログラム：5-3-3_1
```
01  fig = plt.figure(figsize=(6, 5))
02  ax = fig.add_subplot(1, 1, 1)
03  df.plot(y="年齢", kind="box", whis=[5, 95], ax=ax)
04  plt.show()
```

解説
01　変数figに、幅を6、高さを5で作成したFigureオブジェクトを代入する。
02　変数axに、行数を1、列数を1、グラフの表示位置を1で作成したAxesオブジェクトを代入する。
03　変数dfのグラフの描画設定で、描画データの列名を「年齢」、グラフの種類を「箱ひげ図」、外れ値を「下位5%以下と上位95%以上」、Axesオブジェクトを変数axに指定する。
04　グラフを描画する。

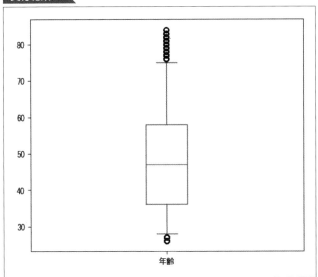

⚠ よく起きるエラー ・・・・・・・・・・・・・・・・・・・・・・・・・・・・・・・・・・・・・

描画データの列名には、正しい列名を指定しないと、エラーになります。

実行結果

```
----------------------------------------------------------------
KeyError                          Traceback (most recent call last)
File ~\AppData\Local\Programs\Python\Python312\Lib\site-packages\pandas\core\indexes\base.py:3805, in Index.ge
t_loc(self, key)
   3804 try:
-> 3805     return self._engine.get_loc(casted_key)
   3806 except KeyError as err:

      #  Invalid ...  r. Otherwi...  ... through   ...ise
   3816     #  the TypeError.
   3817     self._check_indexing_error(key)

KeyError: '年'
```

- **エラーの発生場所**：3行目「df.plot(y="年", kind="box", whis=[5, 95], ax=ax)」
- **エラーの意味**　　：「年」という列名は存在しない。

プログラム：5-3-3_1_e1

```
01  fig = plt.figure(figsize=(6, 5))
02  ax = fig.add_subplot(1, 1, 1)
03  df.plot(y="年", kind="box", whis=[5, 95], ax=ax) ──── 存在しない列名「年」を指定している
04  plt.show()
```

- **対処方法**：「y="年"」を「y="年齢"」に修正する。

続いて、boxplotメソッドを使って、箱ひげ図を描画してみましょう。

📋 構文の使用例

プログラム：5-3-3_2

```
01  fig = plt.figure(figsize=(6, 5))
02  ax = fig.add_subplot(1, 1, 1)
03  df.boxplot(column="年齢", whis=[5, 95], ax=ax)
04  plt.show()
```

解説

01 変数figに、幅を6、高さを5で作成したFigureオブジェクトを代入する。

02 変数axに、行数を1、列数を1、グラフの表示位置を1で作成したAxesオブジェクトを代入する。

03 変数dfの箱ひげ図の描画設定で、描画データの列名を「年齢」、外れ値を「下位5%以下と上位95%以上」、Axesオブジェクトを変数axに指定する。

04 グラフを描画する。

実行結果

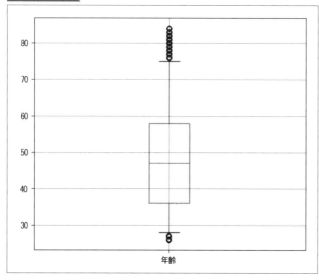

箱ひげ図を描画すると、デフォルトで目盛り線が表示されます。

目盛り線が入ると値を確認しやすいね。外れ値は上下に丸の形で表示され、データのばらつきが約35〜約60あたりに集中していることがわかるね。

さらに、引数byに列名を指定することで、その列名ごとにグループ化して箱ひげ図を描画できます。

```
01  fig = plt.figure(figsize=(8, 5))
02  ax = fig.add_subplot(1, 1, 1)
03  df.boxplot(column="年齢", whis=[5, 95], by=["店舗"], ax=ax)
04  plt.show()
```

解説

01　変数figに、幅を8、高さを5で作成したFigureオブジェクトを代入する。

02　変数axに、行数を1、列数を1、グラフの表示位置を1で作成したAxesオブジェクトを代入する。

03　変数dfの箱ひげ図の描画設定で、描画データの列名を「年齢」、外れ値を「下位5%以下と上位95%以上」、グループ化する列名を「店舗」、Axesオブジェクトを変数axに指定する。

04　グラフを描画する。

実行結果

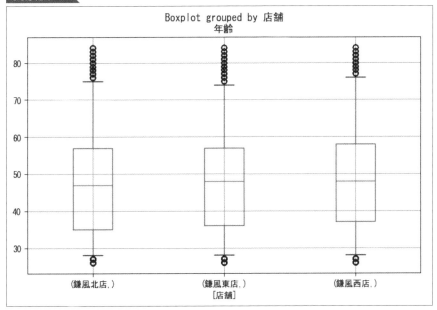

このように、列「年齢」のデータについて、さらに列「店舗」ごとにグループ化（「鎌風北店」「鎌風東店」「鎌風西店」の3つのグループ）して、3つの箱ひげ図を描画できます。

データの性質に合わせて、外れ値の設定や、グループ化する列の指定を工夫して、データの傾向が読み取りやすい箱ひげ図を作成してみよう！

5

データの可視化を行う

5-4 量や比率の比較

ここでは、棒グラフや帯グラフを描画する方法を説明します。項目が複数ある場合、色を変えると見やすくなるため、色設定についても説明します。

5-4-1 棒グラフ

量（絶対値）を比較するための代表的なグラフは、棒グラフです。棒グラフを使うことによって、データの値の大小関係を可視化することができます。1つの集計軸で比較するシンプルな棒グラフや、データをグループ化して比較するグループ棒グラフなどがあります。

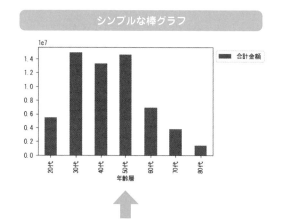

年齢層	合計金額
20代	5521409
30代	14953544
40代	13336798
50代	14612948
60代	6943202
70代	3823272
80代	1405679

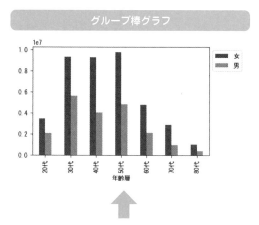

年齢層	女	男
20代	3453695	2067714
30代	9319032	5634512
40代	9290520	4046278
50代	9780814	4832134
60代	4816612	2126590
70代	2863062	960210
80代	1021608	384071

シンプルな棒グラフとグループ棒グラフは、データフレームからplotメソッドを呼び出して設定を行います。plotメソッドを呼び出す際、引数kindに「bar」を指定します。

```
データフレーム.plot(kind="bar", ax=Axesオブジェクト, color="色")
```

なお、項目の色を変更したい場合は、引数colorで色を指定します。また、複数の項目に対して色を設定する場合は、リスト形式で指定します。引数colorに指定する値は、次のように色名、または色の省略名を使います。

主な色名と省略名

色	色名	省略名
赤	"red"	"r"
青	"blue"	"b"
緑	"green"	"g"
マゼンタ	"magenta"	"m"

色	色名	省略名
シアン	"cyan"	"c"
黄	"yellow"	"y"
黒	"black"	"k"
白	"white"	"w"

👆 実践してみよう

P.176で作成した変数dfのデータフレームから、ピボットテーブルを作成してデータを集計し、棒グラフを描画してみましょう。

📋 構文の使用例

プログラム：5-4-1_1

```
01  df_bar = df.pivot_table("合計金額", aggfunc="sum", index="年齢層")
02  df_bar
```

解説

01 変数dfから、行に使う列名を「年齢層」と指定して、列「合計金額」の合計値を求めたピボットテーブルを作成し、変数df_barに代入する。

02 変数df_barのデータフレームを表示する。

実行結果

年齢層	合計金額
20代	5521409
30代	14953544
40代	13336798
50代	14612948
60代	6943202
70代	3823272
80代	1405679

変数dfのデータフレームから、年齢層ごとに、合計金額の合計値を求めたピボットテーブルが作成されました。このピボットテーブルを使って、棒グラフを描画します。

プログラム：5-4-1_2

```
01  fig = plt.figure(figsize=(5, 3))
02  ax = fig.add_subplot(1, 1, 1)
03  df_bar.plot(kind="bar", ax=ax)
04  plt.legend(loc="upper left", bbox_to_anchor=(1, 1))
05  plt.show()
```

解説

01 変数figに、幅を5、高さを3で作成したFigureオブジェクトを代入する。

02 変数axに、行数を1、列数を1、グラフの表示位置を1で作成したAxesオブジェクトを代入する。

03 変数df_barのグラフ描画設定で、グラフの種類を「棒グラフ（垂直）」、Axesオブジェクトを変数axに指定する。

04 凡例の表示位置を、グラフ描画の枠外の右上に設定する。

05 グラフを描画する。

実行結果

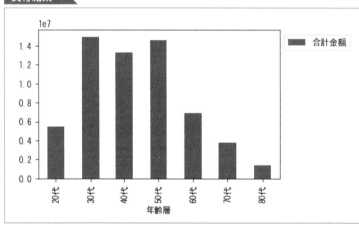

年齢層ごとに、合計金額の合計値を表した棒グラフが描画されます。グラフから30代、40代、50代の合計金額が高いことがわかります。

また、グラフの縦軸の上に「1e7」という表記があります。「1e7」は「1 × 10^7」という意味で、縦軸の単位が10の7乗（10,000,000）であることを表しています。つまり、縦軸の「1.4」は「14,000,000」であることを表しているのです。このように数値が大きい場合、単位を自動的に設定して、グラフを見やすくしてくれます。

よく起きるエラー ・・

グラフの種類には、正しいキーワードを指定しないと、エラーになります。

```
--------------------------------------------------------------------
ValueError                          Traceback (most recent call last)
Cell In[13], line 3
      1 fig = plt.figure(figsize=(5, 3))
      2 ax = fig.add_subplot(1, 1, 1)
----> 3 df_bar.plot(kind="var", ax=ax)
      4 plt.legend(loc="upper left", bbox_to_anchor=(1, 1))
      5 plt.show()

    965 # The original data structured can be transformed before passed to the
    966 # backend. For example, for DataFrame is common to set the index as the
    967 # `x` parameter, and return a Series with the parameter `y` as values.
    968 data = self._parent.copy()

ValueError: var is not a valid plot kind Valid plot kinds: ('line', 'bar', 'barh', 'kde', 'density', 'area',
'hist', 'box', 'pie', 'scatter', 'hexbin')
```

- **エラーの発生場所：3行目「kind="var"」**
- **エラーの意味　　　：グラフの種類として「var」は認識できない**

```
01  fig = plt.figure(figsize=(5, 3))
02  ax = fig.add_subplot(1, 1, 1)
03  df_bar.plot(kind="var", ax=ax)————認識できないキーワード「var」を指定している
04  plt.legend(loc="upper left", bbox_to_anchor=(1, 1))
05  plt.show()
```

- **対処方法：「kind="var"」を「kind="bar"」に修正する。**

　次に、グループ棒グラフを描画してみましょう。変数dfのデータフレームから、年齢層ごとに、男女別の合計金額の合計値を求めたピボットテーブルを作成します。

構文の使用例

```
01  df_grpbar = df.pivot_table("合計金額", aggfunc="sum", index="年齢層", columns="性別")
02  df_grpbar
```

01　変数dfから、行に使う列名を「年齢層」、列に使う列名を「性別」と指定して、列「合計金額」の
　　合計値を求めたピボットテーブルを作成し、変数df_grpbarに代入する。
02　変数df_grpbarのデータフレームを表示する。

性別	女	男
年齢層		
20代	3453695	2067714
30代	9319032	5634512
70代	2863062	960210
80代	1021608	384071

　年齢層ごとに、男女別に合計金額の合計値を求めたピボットテーブルが作成されました。このピボットテーブルを使って、棒グラフを描画します。

プログラム：5-4-1_4

```
01  fig = plt.figure(figsize=(5, 3))
02  ax = fig.add_subplot(1, 1, 1)
03  df_grpbar.plot(kind="bar", ax=ax, color=["m", "c"])
04  plt.legend(loc="upper left", bbox_to_anchor=(1, 1))
05  plt.show()
```

解説

01　変数figに、幅を5、高さを3で作成したFigureオブジェクトを代入する。

02　変数axに、行数を1、列数を1、グラフの表示位置を1で作成したAxesオブジェクトを代入する。

03　変数df_grpbarのグラフ描画設定で、グラフの種類を「棒グラフ（垂直）」、Axesオブジェクトを変数ax、項目の色を「m（マゼンタ）」「c（シアン）」の順でリストに指定する。

04　凡例の表示位置を、グラフ描画の枠外の右上に設定する。

05　グラフを描画する。

実行結果

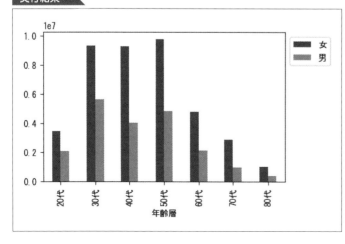

194

年齢層ごとに、合計金額の合計値を、男女別に表した棒グラフが描画されます。どの年齢層においても「女」の方が、合計金額が多いことを一目で把握できます。

　複数の項目がある場合、項目ごとに色や形状を変えると把握しやすくなります。このプログラムは、3行目でdf_grpbar.plotメソッドを呼び出す際、引数colorにリスト形式で色を指定しています。「m」はマゼンタ（Magenta）、「c」はシアン（Cyan）を表しており、女が赤紫色、男が青緑色で描画されます。

Reference

積み上げ棒グラフ

引数stackedにTrueを指定することで、積み上げ棒グラフを描画できます。次の積み上げ棒グラフでは、シンプルな棒グラフによる年齢層ごとの値を比較しながら、男女別の比率も比較できます。引数stackedにTrueを指定した場合、グループ化したデータを棒で積み上げて（つなげて）描画します。プログラム「5-4-1_4」のように、引数stackedの指定を省略した場合、グループ棒グラフになります（グループ化した項目ごとにデータを棒で描画します）。

プログラム：5-4-1_r1

```
01  fig = plt.figure(figsize=(5, 3))
02  ax = fig.add_subplot(1, 1, 1)
03  df_grpbar.plot(kind="bar", ax=ax, color=["m", "c"], stacked=True)
04  plt.legend(loc="upper left", bbox_to_anchor=(1, 1))
05  plt.show()
```

実行結果

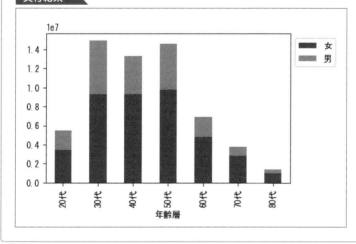

積み上げ棒グラフにすると、さらに可視化できる情報量が増えるね。30代、40代、50代の合計金額が高いことがわかるのと同時に、女の比率がどの年齢層でも多いことがわかるね。

5-4-2 帯グラフ

帯グラフはデータの構成比を視覚的に表示するグラフで、全体を100%として各部分がどのように構成されているかを表します。例えば、年齢層ごとの男女比率や、販売商品の店舗ごとの販売数の比率などを視覚化できます。

年齢層	女	男
20代	0.625510	0.374490
30代	0.623199	0.376801
40代	0.696608	0.303392
50代	0.669325	0.330675
60代	0.693716	0.306284
70代	0.748851	0.251149
80代	0.726772	0.273228

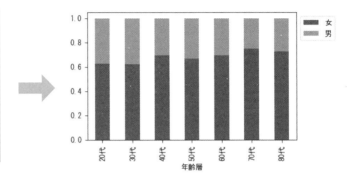

あらかじめ、データの比率が100%になるように算出したデータフレームを用意します。そのデータフレームからplotメソッドを呼び出し、引数kindに「bar」、引数axにAxesオブジェクト、さらに引数stackedにTrueを指定します。

```
データフレーム.plot(kind="bar", ax=Axesオブジェクト, color="色", stacked=True)
```

🔼 実践してみよう

P.193で作成した変数df_grpbarのデータフレームからデータを集計し、帯グラフを描画してみましょう。

📋 構文の使用例

プログラム：5-4-2_1

```
01  df_stcbar = df_grpbar.div(df_grpbar.sum(axis=1), axis=0)
02  df_stcbar
```

解説

01 変数df_grpbarの列方向（横方向）に合計値を求め、その合計値で変数df_grpbarの列の値を割り算して求めた結果を、変数df_stcbarに代入する。

02 変数df_stcbarのデータフレームを表示する。

196

性別	女	男
年齢層		
20代	0.625510	0.374490
30代	0.623199	0.376801
40代	0.696608	0.303392
50代	0.669325	0.330675
60代	0.693716	0.306284
70代	0.748851	0.251149
80代	0.726772	0.273228

sumメソッドは合計値（足し算）、divメソッドは割合（割り算）を求められます。変数df_grpbarは、年齢層ごとに男女別の合計金額の合計値を求めたピボットテーブルです。「df_grpbar.sum(axis=1)」で、変数df_grpbarの列方向（axis=1）ごと、つまり20代や30代といった「年齢層ごとの女と男の合計値」を求めます（横方向に女と男の合計値を求めます）。

さらに、「df_grpbar.div（年齢層ごとの合計値, axis=0）」で、変数df_grpbarの列の値（年齢層ごとの女の合計値と、年齢層ごとの男の合計値）を、年齢層ごとの女と男の合計値で割り算をします。ここでaxis=0は行方向（縦方向）ごと、つまりそれぞれの年齢層ごとに割り算をすることを意味します。これにより、「年齢層ごとの女の合計金額の合計値÷年齢層ごとの女と男の合計値」と「年齢層ごとの男の合計金額の合計値÷年齢層ごとの女と男の合計値」を計算して、「年齢層ごとに女の占める割合」と「年齢層ごとに男の占める割合」を求められます。

20代の場合

女の合計金額：3453695 ─┐
男の合計金額：2067714 ─┘ → 女と男の合計金額：5521409

女の占める割合：3453695÷5521409 = 0.625510 ─┐
男の占める割合：2067714÷5521409 = 0.374490 ─┘ → 合計すると1

30代の場合

女の合計金額：9319032 ─┐
男の合計金額：5634512 ─┘ → 女と男の合計金額：14953544

女の占める割合：9319032÷14953544 = 0.623199 ─┐
男の占める割合：5634512÷14953544 = 0.376801 ─┘ → 合計すると1

グループ内（各年齢層）で合計した値が1になったデータフレームを使って、帯グラフを描画します。

```
01  fig = plt.figure(figsize=(5, 3))
02  ax = fig.add_subplot(1,1,1)
03  df_stcbar.plot(kind="bar", ax=ax, color=["m", "c"], stacked=True)
04  plt.legend(loc="upper left", bbox_to_anchor=(1, 1))
05  plt.show()
```

解説

01 変数figに、幅を5、高さを3で作成したFigureオブジェクトを代入する。

02 変数axに、行数を1、列数を1、グラフの表示位置を1で作成したAxesオブジェクトを代入する。

03 変数df_stcbarのグラフ描画設定で、グラフの種類を「棒グラフ（垂直）」、Axesオブジェクトを変数ax、項目の色を「m（マゼンタ）」「c（シアン）」の順でリストに、項目の積み上げをするに指定する。

04 凡例の表示位置を、グラフ描画の枠外の右上に設定する。

05 グラフを描画する。

実行結果

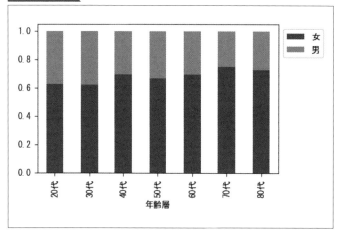

　このように、それぞれの年齢層ごとに合計金額の全体を100%として、「女」と「男」の構成比率を可視化することができました。描画されたグラフを確認すると、どの年代でも「女」の比率が高く、大きな違いがないことがわかります。

　なお、3行目のdf_stcbar.plotメソッドで、引数stackedにTrueを指定したことで、女と男のデータが積み上げられます。

構成比率を最優先にして分析する場合は、帯グラフを使ってみよう。

水平方向の帯グラフ

引数kindに「barh」を指定することで、水平方向に帯グラフを描画できます。比較する項目によっては、水平方向の方が見やすい場合があるので、使い分けるとよいでしょう。なお、水平方向の指定は、棒グラフでも行えます。

プログラム 5-4-2_r1

```
01  fig = plt.figure(figsize=(5, 3))
02  ax = fig.add_subplot(1,1,1)
03  df_stcbar.plot(kind="barh", ax=ax, color=["m","c"], stacked=True)
04  plt.legend(loc="upper left", bbox_to_anchor=(1, 1))
05  plt.show()
```

実行結果

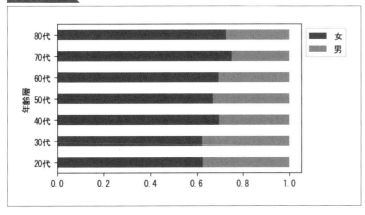

帯グラフだけでなく、棒グラフも水平方向に表示できるよ。量の比較を最優先にした分析で、横方向に棒グラフを表示したい場合には試してみてね。引数kindの値を「bar」から「barh」に変更するだけで試せるよ。

5-5 量の推移

ここでは、折れ線グラフを描画する方法を説明します。詳細な設定を行いたい場合、plotメソッドの指定方法が変わるので、その点に注意しながら学習していきましょう。

5-5-1 折れ線グラフ

時系列データを軸に、変量の変化を確認したい場合には、折れ線グラフを使います。

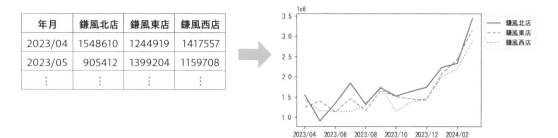

年月	鎌風北店	鎌風東店	鎌風西店
2023/04	1548610	1244919	1417557
2023/05	905412	1399204	1159708
⋮	⋮	⋮	⋮

　細かい設定を行わない場合は、データフレームからplotメソッドを呼び出し、引数axにAxesオブジェクトを指定します。引数kindを省略した場合、自動的に「line」が設定されます。なお、「line」は折れ線グラフを意味します。

```
データフレーム.plot(ax=Axesオブジェクト)
```

　データ項目（描画したい線）が複数ある場合、データ項目ごとに線の形状や色を指定した方が、データ全体が把握しやすくなります。しかし、データフレームのplotメソッドでは、データ項目ごとに線の形状や色を指定することができません。そのため、折れ線グラフのデータ項目ごとに線の形状や色などを指定したい場合は、Axesオブジェクトからplotメソッドを呼び出し、1つずつ線の形状や色などを指定します。

```
Axesオブジェクト.plot(データフレーム.index, データフレーム["列名"], label="ラベル名",
linestyle="線の形状", color="色")
```

> plotメソッドは、グラフの種類を引数kindで指定するけど（棒グラフを描画したい場合は「bar」と指定する）、折れ線グラフを描画したい場合はデフォルトで指定されたことになるので省略できるよ。もちろん「line」と指定してもいいよ。

線の形状の種類と指定方法は、次のとおりです。

線の形状の種類と指定方法

種類	引数linestyleに指定する値
実線	"-"または"solid"
破線	"--"または"dashed"
点線	":"または"dotted"
一点鎖線	"-."または"dashdot"

引数linestyleを省略した場合は、デフォルト値として実線が設定されます。

👍 実践してみよう

P.176で作成した変数dfのデータフレームから、折れ線グラフを描画してみましょう。

📄 構文の使用例

プログラム：5-5-1_1

```
01  df_line = df.pivot_table("合計金額", aggfunc="sum", index="年月")
02  df_line
```

解説

01 変数dfから、行に使う列名を「年月」と指定して、列「合計金額」の合計値を求めたピボットテーブルを作成し、変数df_lineに代入する。

02 変数df_lineのデータフレームを表示する。

実行結果

年月	合計金額
2023/04	4211086
2023/05	3464324
2023/06	3608921
2024/01	6320424
2024/02	6938531
2024/03	9474676

年月ごとに、合計金額の合計値を求めたピボットテーブルが作成されました。このピボットテーブルを使って、折れ線グラフを描画します。

```
01  fig = plt.figure(figsize=(5, 3))
02  ax = fig.add_subplot(1,1,1)
03  df_line.plot(ax=ax)
04  plt.legend(loc="upper left", bbox_to_anchor=(1, 1))
05  plt.show()
```

解説

01　変数figに、幅を5、高さを3で作成したFigureオブジェクトを代入する。

02　変数axに、行数を1、列数を1、グラフの表示位置を1で作成したAxesオブジェクトを代入する。

03　変数df_lineのグラフ描画設定で、Axesオブジェクトを変数axに指定する。

04　凡例の表示位置を、グラフ描画の枠外の右上に設定する。

05　グラフを描画する。

実行結果

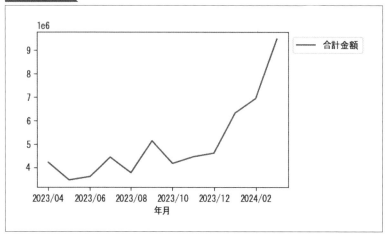

　3行目でデータフレームからplotメソッドを呼び出す際、引数kindを省略しているので、デフォルト値の「line」が設定されます。変数df_lineは、年月ごとの合計金額の合計値を求めたピボットテーブルなので、描画すると線は1本のみの折れ線グラフが描画されます。描画された折れ線グラフを確認すると、年月が経過するに従って、右肩上がりで合計金額が増えていることがわかります。

　折れ線グラフは、実線で表示されるよ。破線や点線などに変更する方法については、このあとに説明するよ。

詳細な設定を行った折れ線グラフの描画

先ほどは、年月ごとの合計金額の合計値を折れ線グラフで描画しましたが、これをさらに店舗ごとに把握できる折れ線グラフを描画してみましょう。

プログラム：5-5-1_3

```
01  df_grpline = df.pivot_table("合計金額", aggfunc="sum", index="年月", columns="店舗")
02  df_grpline
```

解説

01 変数dfから、行に使う列名を「年月」、列に使う列名を「店舗」と指定して、列「合計金額」の合計値を求めたピボットテーブルを作成し、変数df_grplineに代入する。

02 変数df_grplineのデータフレームを表示する。

実行結果

店舗 年月	鎌風北店	鎌風東店	鎌風西店
2023/04	1548610	1244919	1417557
2023/05	905412	1399204	1159708
2023/06	1338721	1132102	1138098
2023/12	1736327	1428017	1443082
2024/01	2233806	2076065	2010553
2024/02	2329355	2423822	2185354
2024/03	3436347	3154255	2884074

年月ごとに、店舗別の合計金額の合計値を求めたピボットテーブルが作成されました。このピボットテーブルを使って、折れ線グラフを描画します。

プログラム：5-5-1_4

```
01  fig = plt.figure(figsize=(5, 3))
02  ax = fig.add_subplot(1,1,1)
03  ax.plot(df_grpline.index, df_grpline["鎌風北店"], label="鎌風北店", linestyle="-")
04  ax.plot(df_grpline.index, df_grpline["鎌風東店"], label="鎌風東店", linestyle="--")
05  ax.plot(df_grpline.index, df_grpline["鎌風西店"], label="鎌風西店", linestyle=":")
06  ax.set_xticks(df_grpline.index[::2])
07  plt.legend(loc="upper left", bbox_to_anchor=(1, 1))
08  plt.show()
```

01 変数figに、幅を5、高さを3で作成したFigureオブジェクトを代入する。

02 変数axに、行数を1、列数を1、グラフの表示位置を1で作成したAxesオブジェクトを代入する。

03 変数axのグラフ描画設定で、x軸（横軸）のデータを変数df_grplineの行、y軸（縦軸）のデータを変数df_grplineの列「鎌風北店」、ラベルを「鎌風北店」、線の形状を「実線」に指定する。

04 変数axのグラフ描画設定で、x軸（横軸）のデータを変数df_grplineの行、y軸（縦軸）のデータを変数df_grplineの列「鎌風東店」、ラベルを「鎌風東店」、線の形状を「破線」に指定する。

05 変数axのグラフ描画設定で、x軸（横軸）のデータを変数df_grplineの行、y軸（縦軸）のデータを変数df_grplineの列「鎌風西店」、ラベルを「鎌風西店」、線の形状を「点線」に指定する。

06 変数axに、変数df_grplineのx軸（横軸）の目盛りが2つごとになるように指定する。

07 凡例の表示位置を、グラフ描画の枠外の右上に設定する。

08 グラフを描画する。

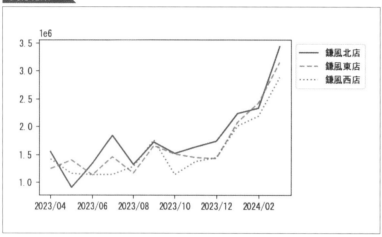

　店舗ごとに線の形状を設定したいため、3〜5行目で店舗ごとにグラフに描画するデータの設定を行っています。また、このプログラムのようにデータフレームからplotメソッドを呼び出していない場合、x軸（横軸）の目盛りの間隔を調整するために、Axesオブジェクトからset_xticksメソッドを呼び出すようにします。6行目でax.set_xticksメソッドを呼び出す際、第1引数に「df_grpline.index[::2]」を指定することで、年月の間隔が2つごとに表示されます。ax.set_xticksメソッドを呼び出してこのように指定しなかった場合、x軸（横軸）の目盛りにすべての年月が表示されます（文字が重なって見づらくなります）。

店舗ごとの折れ線グラフからは、どの店舗の合計金額も、年月が経過するに従って右肩上がりになっていることがわかるね。

5-6 関係性

データの関係性を可視化する散布図を描画する方法や、関係性の強さを表す数値を求める方法などを説明します。

散布図

連続するデータ同士の関係性を見たい場合は、**散布図**を利用します。散布図はx軸（横軸）とy軸（縦軸）に連続するデータの点（マーカー）を打ちます。x軸とy軸に関連性（線形の関係性）があるデータだけでなく、x軸とy軸に関連性がないデータ（非線形の関係性）も目視することができます。また、あるグループごとに、点の形状や色を変えたりすることで、グループ間で比較しながら連続するデータ同士の関係性を確認できます。

商品大分類	商品名	商品単価	数量
果物	ぶどう	619	6170
魚介類	魚介のつくだ煮	531	3161
野菜・海藻	だいこん	133	3105
⋮	⋮	⋮	⋮

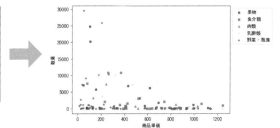

散布図は、データフレームからplotメソッドを呼び出して設定を行います。plotメソッドを呼び出す際、引数kindに「scatter」を指定します。また、引数xにはx軸（横軸）に使うデータの列名、引数yにはy軸（縦軸）に使うデータの列名を指定します。なお、データ項目（描画したい点のグループ）が複数ある場合は、引数markerでマーカーの形状、引数colorで色を指定して、データを識別しやすくするとよいでしょう。

```
データフレーム.plot(x="x軸に使うデータの列名", y="y軸に使うデータの列名", kind="scatter",
ax=Axesオブジェクト, marker="マーカーの形状", color="色")
```

> 引数markerで指定できるマーカーの形状には、円や正方形、上向き三角などがあるよ。星もあるから使ってみてね。次のページで説明するよ。

主なマーカーの形状の種類と指定方法は、次のとおりです。

主なマーカーの形状の種類と指定方法

種類	引数markerに指定する値
円（●）	"o"
正方形（■）	"s"
上向き三角（▲）	"^"
プラス（+）	"+"
星（★）	"*"

🤚 実践してみよう

　商品ごとに売上情報が格納されたCSVファイル「demo5-6.csv」を読み込んでデータフレームを作成し、散布図を描画してみましょう。最初のプログラムはデータフレームを作成するだけなので、解説は省略します。

📄 構文の使用例

プログラム：5-6-1_1

```
01  df = pd.read_csv("demo5-6.csv", dtype="object")
02  df
```

実行結果

	商品大分類	商品小分類	商品名	商品単価	売上金額	数量
0	果物	生鮮果物	ぶどう	619	3819230	6170
1	魚介類	他の魚介加工品	魚介のつくだ煮	531	1678491	3161
2	野菜・海藻	生鮮野菜	だいこん	133	412965	3105
3	乳卵類	卵	卵	319	3199889	10031
111	野菜・海藻	生鮮野菜	たけのこ	225	4050	18
112	野菜・海藻	生鮮野菜	はくさい	125	4500	36

113 rows × 6 columns

　113件のデータが読み込まれます。続いて、作成したデータフレームの列「商品単価」「売上金額」「数量」のデータ型をint32型に変換します。データ型を変換するだけなので、解説は省略します。

プログラム：5-6-1_2

```
01  df[["商品単価", "売上金額", "数量"]] = df[["商品単価", "売上金額", "数量"]].astype("int32")
02  df.dtypes
```

```
商品大分類    object
商品小分類    object
商品名       object
商品単価     int32
売上金額     int32
数量        int32
dtype: object
```

　それでは、このデータフレームから、散布図を描画してみます。

プログラム：5-6-1_3

```
01  fig = plt.figure(figsize=(6, 4))
02  ax = fig.add_subplot(1, 1, 1)
03  df.plot(x="商品単価", y="数量", kind="scatter", ax=ax)
04  plt.show()
```

解説

01　変数figに、幅を6、高さを4で作成したFigureオブジェクトを代入する。

02　変数axに、行数を1、列数を1、グラフの表示位置を1で作成したAxesオブジェクトを代入する。

03　変数dfのグラフ描画設定で、x軸（横軸）のデータを列「商品単価」、y軸（縦軸）のデータを列「数量」、グラフの種類を「散布図」、Axesオブジェクトを変数axに指定する。

04　グラフを描画する。

実行結果

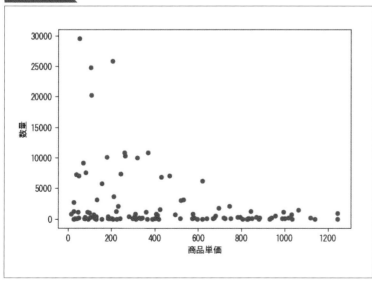

plotメソッドを呼び出す際に、引数xには列「商品単価」、引数yには列「数量」を指定しています。そのため、列「商品単価」と変数「数量」の関係性を目視できる散布図が描画されます。これは、商品単価の低いもの、高いものに対して、売上数量にどのような傾向があるのかを可視化するのが目的です。

ここでは113件のデータが存在し、点と点との関係性は確認できました。しかし、すべての点（マーカー）が同じ形状と色で描画されているため、商品のグループによる傾向がつかみづらい散布図になっています。商品のグループごとに、点の形状や色を変えた散布図も描画してみましょう。なお、変数dfのデータフレームの列「商品大分類」の値は、「果物」「魚介類」「肉類」「乳卵類」「野菜・海藻」の5つのグループのいずれかになっており、これをグループとして設定します。

プログラム：5-6-1_4

```
01  df1 = df[df["商品大分類"]=="果物"]          「果物」の行のデータを抽出し、変数df1に代入
02  df2 = df[df["商品大分類"]=="魚介類"]        「魚介類」の行のデータを抽出し、変数df2に代入
03  df3 = df[df["商品大分類"]=="肉類"]          「肉類」の行のデータを抽出し、変数df3に代入
04  df4 = df[df["商品大分類"]=="乳卵類"]        「乳卵類」の行のデータを抽出し、変数df4に代入
05  df5 = df[df["商品大分類"]=="野菜・海藻"]   「野菜・海藻」の行のデータを抽出し、変数df5に代入
```

商品のグループごとに点の形状や色を変えたいため、列「商品大分類」ごとのデータフレームを作成しています（各グループの値で条件抽出をして変数df1～df5に代入）。データフレームを作成しただけなので、実行結果は表示されません。

それでは、作成した5つのデータフレームに対して、それぞれplotメソッドを呼び出してグラフ描画設定を行ってから、散布図を描画します。

プログラム：5-6-1_5

```
01  fig = plt.figure(figsize=(6, 4))
02  ax = fig.add_subplot(1, 1, 1)
03  df1.plot(x="商品単価", y="数量", kind="scatter", ax=ax, marker="o", color="b", alpha=0.5)
04  df2.plot(x="商品単価", y="数量", kind="scatter", ax=ax, marker="s", color="r", alpha=0.5)
05  df3.plot(x="商品単価", y="数量", kind="scatter", ax=ax, marker="^", color="g", alpha=0.5)
06  df4.plot(x="商品単価", y="数量", kind="scatter", ax=ax, marker="+", color="c", alpha=0.5)
07  df5.plot(x="商品単価", y="数量", kind="scatter", ax=ax, marker="*", color="m", alpha=0.5)
08  plt.legend(["果物", "魚介類", "肉類", "乳卵類", "野菜・海藻"], loc="upper left", bbox_to_
    anchor=(1,1))
09  plt.show()
```

解説

01　変数figに、幅を6、高さを4で作成したFigureオブジェクトを代入する。

02　変数axに、行数を1、列数を1、グラフの表示位置を1で作成したAxesオブジェクトを代入する。

03　変数df1のグラフ描画設定で、x軸（横軸）のデータを列「商品単価」、y軸（縦軸）のデータを列「数量」、グラフの種類を「散布図」、Axesオブジェクトを変数ax、マーカーの形状を「円」、マーカーの色を「青」、マーカーの透明度を0.5に指定する。

04 変数df2のグラフ描画設定に、x軸（横軸）のデータを列「商品単価」、y軸（縦軸）のデータを列「数量」、グラフの種類を「散布図」、Axesオブジェクトを変数ax、マーカーの形状を「正方形」、マーカーの色を「赤」、マーカーの透明度を0.5に指定する。

05 変数df3のグラフ描画設定に、x軸（横軸）のデータを列「商品単価」、y軸（縦軸）のデータを列「数量」、グラフの種類を「散布図」、Axesオブジェクトを変数ax、マーカーの形状を「上向き三角」、マーカーの色を「緑」、マーカーの透明度を0.5に指定する。

06 変数df4のグラフ描画設定に、x軸（横軸）のデータを列「商品単価」、y軸（縦軸）のデータを列「数量」、グラフの種類を「散布図」、Axesオブジェクトを変数ax、マーカーの形状を「プラス」、マーカーの色を「シアン」、マーカーの透明度を0.5に指定する。

07 変数df5のグラフ描画設定に、x軸（横軸）のデータを列「商品単価」、y軸（縦軸）のデータを列「数量」、グラフの種類を「散布図」、Axesオブジェクトを変数ax、マーカーの形状を「星」、マーカーの色を「マゼンタ」、マーカーの透明度を0.5に指定する。

08 凡例の項目名を「果物」「魚介類」「肉類」「乳卵類」「野菜・海藻」の順でリストに指定し、凡例の表示位置をグラフ描画の枠外の右上に設定する。

09 グラフを描画する。

実行結果

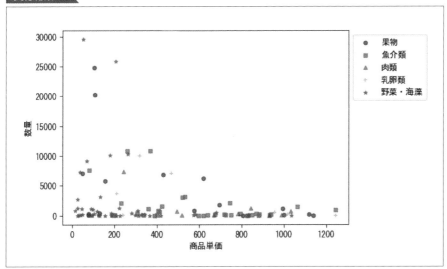

　5つのデータフレームごとに点（マーカー）の形状と色を指定したことで、果物や魚介類といった分類ごとの商品単価と数量の関係性が把握しやすくなりました。この5つのデータフレームごとにグラフ描画情報を設定しているため、8行目でplt.legendメソッドを呼び出す際、凡例に使用する項目名をリスト形式で指定しています。このように、plt.legendメソッドの引数でリスト形式で値を指定することによって、凡例に表示する任意の文字列を設定できます。

　描画された散布図を見ると、果物は商品単価に関係なく、数量にばらつきがあるように見受けられます。野菜・海藻は、商品単価が安価なもので、数量が多いように見受けられます。また、魚介類は、商品単価が高いものが多く、数量は多くないように見受けられます。そのほかの商品グループのデータにも、どのような傾向があるのかを確認してみてください。

5-6-2 相関係数の算出

　相関関係とは、2つのデータの関係性を表します。一方のデータが増加すると、もう一方のデータも増加する関係を**正の相関**といいます。逆に、一方のデータが増加すると、もう一方のデータが減少する関係を**負の相関**といいます。また、一方のデータと、もう一方のデータが連動していない関係は**無相関**といいます。

　相関関係の強さを表す指標として、**相関係数**があります。相関係数は-1から1の間の値ととり、-1または1に近づくほど相関関係が強く、0に近いほど相関関係が弱いことを示します。一般的に相関係数が0.6以上、または-0.6以下であれば相関関係が強いと判断されます。

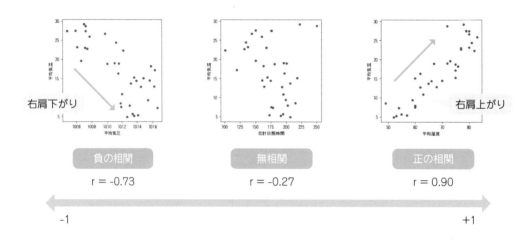

　なお、2つのデータに相関関係があるからといって、必ずしも因果関係が成り立つというわけではありません。例えば、売上とコストに正の相関があった場合「コストを増加させれば売上が増加する」という意味にはなりません。そのため要因と結果の関係については、人間が業務知識を使って解釈する必要があります。

　相関係数はPandasで作成したデータフレームから、corrメソッドを呼び出すことで求められます。そのとき、データフレーム名のあとに付ける [ ] 内に、リスト形式で相関係数を求めたい列名を指定します。

```
df[["列名1", "列名2"]].corr()
```

　相関係数を求めたい列のデータ型は、数値である必要があります。例えば、int32型やfloat64型など、整数や浮動小数点数の列を指定します。それ以外のデータ型の列を指定するとエラーになるので、データを加工したうえでcorrメソッドを呼び出すようにしましょう。

実践してみよう

P.206で作成した変数dfのデータフレームから、相関係数を求めてみましょう。

📖 構文の使用例

プログラム：5-6-2_1

```
01 df[["商品単価", "数量"]].corr()
```

解説

01 変数dfの列「商品単価」と列「数量」の相関係数を求める。

実行結果

	商品単価	数量
商品単価	1.000000	-0.288955
数量	-0.288955	1.000000

　変数dfに格納されているデータフレームには、「商品名」「商品単価」「売上金額」「数量」などの情報が入っています。データフレームのデータ型で数値が入った列は「商品単価」「売上金額」「数量」であり、データ型がint32型の状態になっています。そのため、このプログラムのように列「商品単価」と列「数量」を指定した状態で、corrメソッドを呼び出し、相関係数を求めることが可能です。求められた相関係数は-0.288955となっており、強い相関関係を示す-0.6以下ではないことがわかります。よって、列「商品単価」と列「数量」は、「無相関」であると判断できます。なお、同じ列同士の相関関係では「1.000000」と表示されますが、これは無視してください。

> 商品単価と数量の関係性がないということがわかったね。以降では、さらにデータをしぼって、関係性があるか分析するよ。

　次に、商品の分類ごとの相関関係を確認してみましょう。ここでは、列「商品大分類」のデータが「肉類」の行だけのデータフレームを作成します。

プログラム：5-6-2_2

```
01 df_meat = df[df["商品大分類"]=="肉類"]
02 df_meat
```

解説

01 変数dfから、列「商品大分類」のデータが「肉類」の行のデータを抽出し、変数df_meatに代入する。
02 変数df_meatのデータフレームを表示する。

	商品大分類	商品小分類	商品名	商品単価	売上金額	数量
9	肉類	加工肉	ハム	244	1792912	7348
23	肉類	生鮮肉	他の生鮮肉	844	1042340	1235
28	肉類	加工肉	ソーセージ	494	371488	752
61	肉類	生鮮肉	牛肉	1031	730979	709
63	肉類	加工肉	他の加工肉	988	38532	39
76	肉類	生鮮肉	鶏肉	781	218680	280
84	肉類	加工肉	ベーコン	516	36636	71
102	肉類	生鮮肉	合いびき肉	669	20070	30
104	肉類	生鮮肉	豚肉	931	3724	4

変数df_meat（列「商品大分類」のデータが「肉類」の行だけのデータフレーム）を対象に、列「商品単価」と列「数量」の相関係数を求めてみましょう。

プログラム：5-6-2_3

```
01  df_meat[["商品単価", "数量"]].corr()
```

解説

01 変数df_meatの列「商品単価」と列「数量」の相関係数を求める。

	商品単価	数量
商品単価	1.000000	-0.665164
数量	-0.665164	1.000000

　求められた相関係数は-0.665164となっており、強い相関関係を示す-0.6以下であることがわかります。よって、肉類の場合、列「商品単価」と列「数量」は「負の相関」であると判断できます。このように、データ全体では無相関でしたが、商品分類が「肉類」だけのデータにしぼって分析すると、負の相関であることがわかりました。

一見、データ全体では無相関であっても、さらにデータをしぼって分析することで、何らかの相関関係が見つかることがあるよ。いろいろな角度で分析してみようね。

5-7 実習問題

この章で学習したことを復習しましょう。
実習ファイルを読み込んで、順番にプログラムを作成していきましょう。

✏️ 実習問題

- 概要 ：衣料品店の注文のデータを使って、データの可視化を行いましょう。
- 実習ファイル：Chap5_practice.ipynb、order_info.csv

次の流れで、実行結果例となるようなプログラムを作成してください。

⬤ プログラム：5-7-1_p1

- Pandas と、Matplotlib の pyplot モジュールをインポートする。
- グラフ描画に使用するフォントに「MS Gothic」を指定する。

📋解答例

プログラム

```
01  import pandas as pd
02  import matplotlib.pyplot as plt
03
04  plt.rcParams["font.family"] = "MS Gothic"
```

解説

```
01  pandasモジュールにpdと別名を付けてインポートする。
02  matplotlib.pyplotモジュールにpltと別名を付けてインポートする。
03
04  グラフ描画に使用するフォントに「MS Gothic」を指定する。
```

ライブラリのインポートとフォントを指定しているだけなので、実行結果は表示されません。

⬤ プログラム：5-7-1_p2

- CSV ファイル「order_info.csv」には、1行につき注文番号に対応した来店者の情報が格納されている。

- CSVファイル「order_info.csv」を、データ型にobject型を指定して読み込み、データフレームを作成して変数df_ordinfoに代入する。
- 変数df_ordinfoのデータフレームを表示する。

	注文番号	店舗名	来店曜日	来店時間帯	滞留時間	性別	年齢層	年齢	合計金額	フラグ
0	6	01A	07日	03夜間	534.98	01男	04中年	58	1104	0
1	10	01A	03水	03夜間	2484	01男	02中高生	16	126	0
3914	3911	03C	02火	01朝	428.6	02女	04中年	50	633	1
3915	3916	03C	04木	03夜間	97.13	02女	05壮年	64	800	1

3916 rows × 10 columns

解答例

プログラム

```
01  df_ordinfo = pd.read_csv("order_info.csv", dtype="object")
02  df_ordinfo
```

解説

01 CSVファイル「order_info.csv」を、データ型にobject型を指定して読み込み、作成したデータフレームを変数df_ordinfoに代入する。
02 変数df_ordinfoのデータフレームを表示する。

プログラム：5-7-1_p3

- 変数df_ordinfoの列「年齢」と列「合計金額」のデータ型をint32型に変換する。
- 変数df_ordinfoの列「滞留時間」のデータ型をfloat64型に変換する。
- 変数df_ordinfoのデータ型を表示する。

実行結果例

```
注文番号      object
店舗名       object
来店曜日      object
来店時間帯     object
滞留時間      float64
性別        object
年齢層       object
年齢        int32
合計金額      int32
フラグ       object
dtype: object
```

```
01  df_ordinfo[["年齢", "合計金額"]] = df_ordinfo[["年齢", "合計金額"]].astype("int32")
02  df_ordinfo[["滞留時間"]] = df_ordinfo[["滞留時間"]].astype("float64")
03  df_ordinfo.dtypes
```

01 変数df_ordinfoの列「年齢」「合計金額」のデータ型をint32型に変換して、変数df_ordinfoの列「年齢」「合計金額」に代入する。

02 変数df_ordinfoの列「滞留時間」のデータ型をfloat64型に変換して、変数df_ordinfoの列「滞留時間」に代入する。

03 変数df_ordinfoのデータ型を表示する。

● プログラム：5-7-1_p4

● データフレーム（変数df_ordinfo）から、主要な基本統計量を算出する。

	滞留時間	年齢	合計金額
count	3916.000000	3916.000000	3916.000000
mean	662.034229	35.047753	564.734678
std	447.308590	21.139107	360.604608
min	30.650000	4.000000	9.000000
25%	333.637500	17.000000	301.000000
50%	564.735000	29.000000	494.000000
75%	924.040000	51.000000	734.000000
max	2638.000000	99.000000	2304.000000

```
01  df_ordinfo.describe()
```

01 変数df_ordinfoのデータフレームから、主要な基本統計量を算出する。

平均値を表すmeanを見てみると、滞留時間は約662、年齢は約35、合計金額は約564であることがわかります。

🔵 プログラム：5-7-1_p5

- データフレーム（変数df_ordinfo）から、histメソッドを使ってヒストグラムを描画する。
- 変数figに、幅を15、高さを5で作成したFigureオブジェクトを代入する。
- 変数ax1に、行数を1、列数を3、グラフの表示位置を1で作成したAxesオブジェクトを代入する。変数ax2に、行数を1、列数を3、グラフの表示位置を2で作成したAxesオブジェクトを代入する。変数ax3に、行数を1、列数を3、グラフの表示位置を3で作成したAxesオブジェクトを代入する。
- 変数df_ordinfoのヒストグラムの描画設定で、描画データの列名を「滞留時間」、階級数を「30」、Axesオブジェクトを変数ax1に指定する。変数df_ordinfoのヒストグラムの描画設定で、描画データの列名を「年齢」、階級数を「30」、Axesオブジェクトを変数ax2に指定する。変数df_ordinfoのヒストグラムの描画設定で、描画データの列名を「合計金額」、階級数を「30」、Axesオブジェクトを変数ax3に指定する。

実行結果例

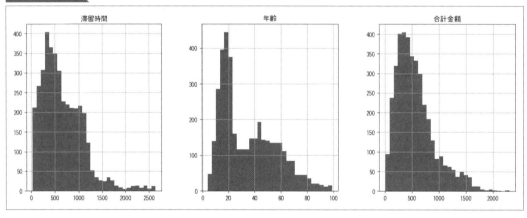

📋 解答例

プログラム

```
01  fig = plt.figure(figsize=(15, 5))
02  ax1 = fig.add_subplot(1, 3, 1)
03  ax2 = fig.add_subplot(1, 3, 2)
04  ax3 = fig.add_subplot(1, 3, 3)
05  df_ordinfo.hist("滞留時間", bins=30, ax=ax1);
06  df_ordinfo.hist("年齢", bins=30, ax=ax2);
07  df_ordinfo.hist("合計金額", bins=30, ax=ax3);
08  plt.show()
```

01	変数figに、幅を15、高さを5で作成したFigureオブジェクトを代入する。
02	変数ax1に、行数を1、列数を3、グラフの表示位置を1で作成したAxesオブジェクトを代入する。
03	変数ax2に、行数を1、列数を3、グラフの表示位置を2で作成したAxesオブジェクトを代入する。
04	変数ax3に、行数を1、列数を3、グラフの表示位置を3で作成したAxesオブジェクトを代入する。
05	変数df_ordinfoのヒストグラムの描画設定で、列を「滞留時間」、階級数を30、Axesオブジェクトを変数ax1に指定する。
06	変数df_ordinfoのヒストグラムの描画設定で、列を「年齢」、階級数を30、Axesオブジェクトを変数ax2に指定する。
07	変数df_ordinfoのヒストグラムの描画設定で、列を「合計金額」、階級数を30、Axesオブジェクトを変数ax3に指定する。
08	グラフを描画する。

● プログラム：5-7-1_p6

- 変数df_ordinfoから、行に使う列名を「来店時間帯」、列に使う列名を「年齢層」と指定して、列「注文番号」のデータ件数を求めたピボットテーブルを作成し、変数df_grpbarに代入する。
- データフレーム（変数df_grpbar）を表示する。

実行結果例

年齢層 来店時間帯	01小児	02中高生	03青年	04中年	05壮年
01朝	61	136	203	208	106
02日中	152	320	306	387	211
03夜間	141	379	502	582	222

📋 解答例

プログラム

```
01  df_grpbar = df_ordinfo.pivot_table("注文番号", aggfunc="count", index="来店時間帯",
    columns="年齢層")
02  df_grpbar
```

解説

01	変数df_grpbarから、行に使う列名を「来店時間帯」、列に使う列名を「年齢層」と指定して、列「注文番号」のデータ件数を求めたピボットテーブルを作成し、変数df_grpbarに代入する。
02	変数df_grpbarのデータフレームを表示する。

プログラム：5-7-1_p7

- データフレーム（変数df_grpbar）から、棒グラフを描画する。
- 変数figに、幅を5、高さを3で作成したFigureオブジェクトを代入する。
- 変数axに、行数を1、列数を1、グラフの表示位置を1で作成したAxesオブジェクトを代入する。
- 数df_grpbarのグラフ描画設定で、グラフの種類を「棒グラフ（垂直）」、Axesオブジェクトを変数ax、項目の色を「赤」「シアン」「マゼンタ」「黄」「青」の順でリストに指定する。
- 凡例の表示位置を、グラフ描画の枠外の右上に設定する。

実行結果例

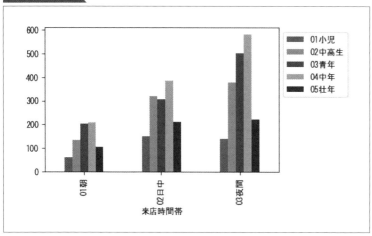

解答例

プログラム

```
01  fig = plt.figure(figsize=(5, 3))
02  ax = fig.add_subplot(1, 1, 1)
03  df_grpbar.plot(kind="bar", ax=ax, color=["r", "c", "m", "y", "b"])
04  plt.legend(loc="upper left", bbox_to_anchor=(1, 1))
05  plt.show()
```

解説

01 変数figに、幅を5、高さを3で作成したFigureオブジェクトを代入する。

02 変数axに、行数を1、列数を1、グラフの表示位置を1で作成したAxesオブジェクトを代入する。

03 変数df_grpbarのグラフ描画設定で、グラフの種類に「棒グラフ（垂直）」、Axesオブジェクトに変数ax、項目の色を「赤」「シアン」「マゼンタ」「黄」「青」の順でリストに指定する。

04 凡例の表示位置を、グラフ描画の枠外の右上に設定する。

05 グラフを描画する。

グループ棒グラフを描画するために、3行目でデータフレームからplotメソッドを呼び出し、引数kindに「bar（棒グラフ（垂直））」を指定しています。また、年齢層は5つに分かれているので、色を指定する引数colorには5つの要素を持つリストを指定しています。「r」がred（赤）、「c」がcyan（シアン）、「m」がmagenta（マゼンタ）、「y」がyellow（黄色）、「b」がblue（青）を表しています。

　描画されたグラフからは、遅い時間帯の方が、客数が多いということが読み取れます。

プログラム：5-7-1_p8

- 変数df_grpbarの列方向（横方向）に合計値を求め、その合計値で変数df_grpbarの列の値を割り算して求めた結果を、変数df_stcbarに代入する。
- データフレーム（変数df_stcbar）を表示する。

実行結果例

年齢層 来店時間帯	01小児	02中高生	03青年	04中年	05壮年
01朝	0.085434	0.190476	0.284314	0.291317	0.148459
02日中	0.110465	0.232558	0.222384	0.281250	0.153343
03夜間	0.077218	0.207558	0.274918	0.318729	0.121577

解答例

プログラム

```
01  df_stcbar = df_grpbar.div(df_grpbar.sum(axis=1), axis=0)
02  df_stcbar
```

解説

```
01  変数df_grpbarの列方向（横方向）に合計値を求め、その合計値で変数df_grpbarの列の値を割り算
    して求めた結果を、変数df_stcbarに代入する。
02  変数df_stcbarのデータフレームを表示する。
```

プログラム：5-7-1_p9

- データフレーム（変数df_stcbar）から、帯グラフを描画する。
- 変数figに、幅を5、高さを3で作成したFigureオブジェクトを代入する。
- 変数axに、行数を1、列数を1、グラフの表示位置を1で作成したAxesオブジェクトを代入する。
- 変数df_grpbarのグラフ描画設定で、グラフの種類を「棒グラフ（垂直）」、Axesオブジェクトを変数ax、項目の色を「赤」「シアン」「マゼンタ」「黄」「青」の順でリストに指定する。
- 凡例の表示位置を、グラフ描画の枠外の右上に設定する。

5

データの可視化を行う

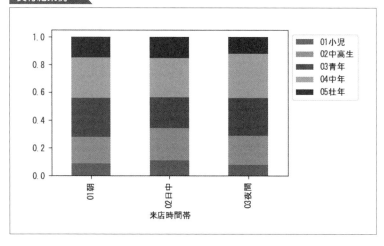

解答例

プログラム

```
01  fig = plt.figure(figsize=(5, 3))
02  ax = fig.add_subplot(1,1,1)
03  df_stcbar.plot(kind="bar", ax=ax, color=["r", "c", "m", "y", "b"], stacked=True)
04  plt.legend(loc="upper left", bbox_to_anchor=(1, 1))
05  plt.show()
```

解説

01 変数figに、幅を5、高さを3で作成したFigureオブジェクトを代入する。

02 変数axに、行数を1、列数を1、グラフの表示位置を1で作成したAxesオブジェクトを代入する。

03 変数df_stcbarのグラフ描画設定で、グラフの種類を「棒グラフ（垂直）」、Axesオブジェクトを変数ax、項目の色を「赤」「シアン」「マゼンタ」「黄」「青」の順でリストに、項目の積み上げをするに指定する。

04 凡例の表示位置を、グラフ描画の枠外の右上に設定する。

05 グラフを描画する。

帯グラフで、3つの来店時間帯ごとに、5つの年齢層の割合が可視化できるよ。「02日中」に「03青年」が少ない、「03夜間」に「05壮年」が少ない、などが確認できるね。

🔵 プログラム：5-7-1_p10

● 変数df_ordinfoのデータフレームの列「滞留時間」と「合計金額」の相関係数を求める。

	滞留時間	合計金額
滞留時間	1.0000	-0.1756
合計金額	-0.1756	1.0000

📄 解答例

```
01  df_ordinfo[["滞留時間", "合計金額"]].corr()
```

01　変数df_ordinfoの列「滞留時間」と列「合計金額」相関係数を求める。

　P.210で説明したとおり、一般的に相関係数が0.6以上、または-0.6以下であれば相関関係が強いと判断します。列「滞留時間」と列「合計金額」の相関係数は-0.1756なので、相関関係はない（弱い）、つまり「無相関」であることがわかります。

● プログラム：5-7-1_p11

- データフレーム（変数df_ordinfo）から、散布図を描画する。
- 変数figに、幅を6、高さを4で作成したFigureオブジェクトを代入する。
- 変数axに、行数を1、列数を1、グラフの表示位置を1で作成したAxesオブジェクトを代入する。
- 変数df_ordinfoのグラフ描画設定で、x軸（横軸）のデータを列「滞留時間」、y軸（縦軸）のデータを列「合計金額」、グラフの種類を「散布図」、Axesオブジェクトを変数axに指定する。

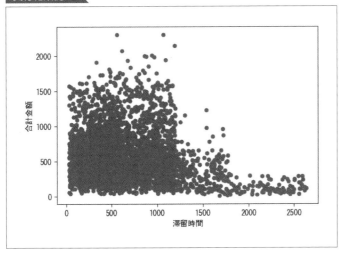

```
01  fig = plt.figure(figsize=(6, 4))
02  ax = fig.add_subplot(1, 1, 1)
03  df_ordinfo.plot(x="滞留時間", y="合計金額", kind="scatter", ax=ax)
04  plt.show()
```

01 変数figに、幅を6、高さを4で作成したFigureオブジェクトを代入する。

02 変数axに、行数を1、列数を1、グラフの表示位置を1で作成したAxesオブジェクトを代入する。

03 変数df_ordinfoのグラフ描画設定で、x軸（横軸）のデータを列「滞留時間」、y軸（縦軸）のデータを列「合計金額」、グラフの種類を「散布図」、Axisオブジェクトを変数axに指定する。

04 グラフを描画する。

　散布図を描画するために、3行目で変数df_ordinfoのデータフレームからplotメソッドを呼び出し、引数kindに「scatter（散布図）」を指定しています。また、x軸のデータを「滞留時間」、y軸のデータを「合計金額」とするために、引数xに「滞留時間」、引数yに「合計金額」を指定しています。
　なお、x軸である「滞留時間」の単位は秒です。

🔵 散布図から分析する

　「プログラム：5-7-1_p11」の実行結果である散布図を分析して、「滞留時間」と「合計金額」の関係性から読み取れる傾向を考える。

- 合計金額が高いのは、滞留時間が短いという傾向がある。
- 滞留時間が長くなると、合計金額が低くなる傾向がある

🔵 プログラム：5-7-1_p12

- グループごとに点（マーカー）の形状や色を変えた散布図を描画するために、データフレームを2つ作成する。
- データフレーム（変数df_ordinfo）から、列「年齢層」のデータが「01小児」「02中高生」の行のデータを抽出し、変数df_stcdata1に代入する。
- データフレーム（変数df_ordinfo）から、列「年齢層」のデータが「01小児」「02中高生」ではない行のデータを抽出し、変数df_stcdata2に代入する。

```
01  df_stcdata1 = df_ordinfo[df_ordinfo["年齢層"].isin(["01小児", "02中高生"])]
02  df_stcdata2 = df_ordinfo[~df_ordinfo["年齢層"].isin(["01小児", "02中高生"])]
```

解説

01 変数df_ordinfoから、列「年齢層」のデータが「01小児」「02中高生」の行のデータを抽出し、変
数df_stcdata1に代入する。

02 変数df_ordinfoから、列「年齢層」のデータが「01小児」「02中高生」ではない行のデータを抽出
し、変数df_stcdata2に代入する。

データフレームを作成しているだけなので、結果は表示されません。

プログラム：5-7-1_p13

- 2つのデータフレーム（変数df_stcdata1、変数df_stcdata2）から、散布図を描画する。描画するグルー
プごとに点（マーカー）の形状や色を変える。
- 変数figに、幅を6、高さを4で作成したFigureオブジェクトを代入する。
- 変数axに、行数を1、列数を1、グラフの表示位置を1で作成したAxesオブジェクトを代入する。
- 変数df_stcdata1のグラフ描画設定で、x軸（横軸）のデータを列「滞留時間」、y軸（縦軸）のデータを
列「合計金額」、グラフの種類を「散布図」、Axesオブジェクトを変数ax、マーカーの形状を「円」、マー
カーの色を「青」、マーカーの透明度を「0.5」に指定する。
- 変数df_stcdata2のグラフ描画設定で、x軸（横軸）のデータを列「滞留時間」、y軸（縦軸）のデータを
列「合計金額」、グラフの種類を「散布図」、Axesオブジェクトを変数ax、マーカーの形状を「プラス」、
マーカーの色を「赤」、マーカーの透明度を「0.5」に指定する。
- 凡例の項目名を「中高生以下」「青年以上」の順でリストに指定し、凡例の表示位置をグラフ描画の枠
外の右上に設定する。

実行結果例

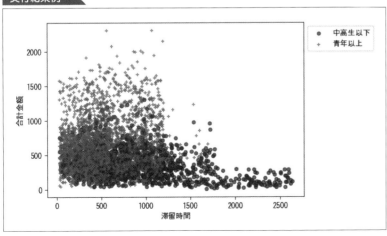

```
01  fig = plt.figure(figsize=(6, 4))
02  ax = fig.add_subplot(1,1,1)
03  df_stcdata1.plot(x="滞留時間", y="合計金額", kind="scatter", ax=ax, marker="o",
    color="b", alpha=0.5)
04  df_stcdata2.plot(x="滞留時間", y="合計金額", kind="scatter", ax=ax, marker="+",
    color="r", alpha=0.5)
05  plt.legend(["中高生以下", "青年以上"], loc="upper left", bbox_to_anchor=(1, 1))
06  plt.show()
```

01 変数figに、幅を6、高さを4で作成したFigureオブジェクトを代入する。

02 変数axに、行数を1、列数を1、グラフの表示位置を1で作成したAxesオブジェクトを代入する。

03 変数df_stcdata1のグラフ描画設定で、x軸（横軸）のデータを列「滞留時間」、y軸（縦軸）のデータを列「合計金額」、グラフの種類を「散布図」、Axesオブジェクトを変数ax、マーカーの形状を「円」、マーカーの色を「青」、マーカーの透明度を0.5に指定する。

04 変数df_stcdata2のグラフ描画設定で、x軸（横軸）のデータを列「滞留時間」、y軸（縦軸）のデータを列「合計金額」、グラフの種類を「散布図」、Axesオブジェクトを変数ax、マーカーの形状を「プラス」、マーカーの色を「赤」、マーカーの透明度を0.5に指定する。

05 凡例の項目名を「中高生以下」「青年以上」の順でリストに指定し、凡例の表示位置をグラフ描画の枠外の右上に設定する。

06 グラフを描画する。

散布図から分析する

「プログラム：5-7-1_p13」の実行結果である散布図を分析して、グループ別のユーザーである「中高生以下」と「青年以上」の関係性から読み取れる傾向を考える。

📄 解答例

- 中高生以下のユーザーは、滞留時間が様々でばらつきがあり、青年以上のユーザーと比較して合計金額が低い傾向がある。
- 青年以上のユーザーは、滞留時間が短い傾向があり、中高生以下のユーザーと比較して合計金額が高い層がいることがわかる。

グループに分けて分析することで、散布図から傾向を読み取れたかな。答えは1つじゃないよ。仮説を立てて、様々な角度から分析することが重要だよ。

第 **6** 章

データの
グルーピングを行う

6-1 データのグルーピング

データの分析を行う際に、データのグループ分けが必要なことがあります。ここでは、グループ分けの手法であるクラスタリングについて説明していきます。

6-1-1 クラスタリングとは

クラスタリング（Clustering）とは、データの類似性に基づいて、データを**クラスタ**（グループ）に分ける手法のことです。次のような販売データを例にすると、惣菜販売額と弁当販売額のデータを基にして、クラスタリングを行うことで、3つにグループ分け（クラスタ番号1、クラスタ番号2、クラスタ番号3）を行います。なお、クラスタリングを行う際の対象とするデータ（＝変量、P.163参照）には、数値のように量を表現できる定量データを使用します。

販売データ

注文番号	店舗種別	地域	惣菜販売額	弁当販売額
N102	自然食	東京	341	2387
N295	一般	愛知	805	428
N243	一般	大阪	1833	2426
N339	一般	東京	163	272
⋮	⋮	⋮	⋮	⋮

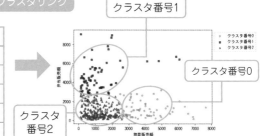

分けられたクラスタがどのような特徴を持つかなど、結果の解釈は人間が行う必要があります。一般的に、クラスタリングだけで分析を終えることは少なく、得られたクラスタを基にして、後続の分析に活用します。例えば、実際の分析の際には次のようなステップが考えられます。

分析の手順と例

ステップ	手順	例
①	データをクラスタに分ける	購買履歴データを基に顧客をクラスタに分ける
②	分けられたクラスタの特徴を解釈する	「高単価少量買いグループ」「季節商品大量買いグループ」「平均的な購買行動グループ」など、クラスタごとの特徴を解釈する
③	各クラスタのデータの属性を分析する	各クラスタの購買者の属性（男女、年齢など）を分析する
④	分析結果を基に施策を考える	各クラスタごとに販売施策を練る

このようなステップにおいて、クラスタリングでは①だけを行っています。②以降については、人間が行う必要があります。②以降の解釈や分析では、データの中身に詳しい人（業務の専門家）の知識や、要約の手法などを活用します。具体的には、まず①のクラスタリングをしたあとに、各クラスタのデータ件数や平均（**重心**と呼ばれる）などを確認します。データ件数と重心だけでクラスタの特徴を解釈することが困難であれば、要約を行います。要約の例として、次のような手法が挙げられます。

- **2つの変量を選択して、クラスタ番号を凡例として散布図を描画して分析する**
- **クラスタ番号を集計軸として利用し、クロス集計や各種グラフを描画して分析する**

> クラスタリングは、複数の変量に対して行われることが多いけれど、1つの変量に対して行うこともあるんだ。例えば、「合計購買金額という1つの変量に対してクラスタリングをして高群／中群／低群などに置き換える」といったように、定量データを定性データ（ラベル）に変換し、グラフ化しやすくする際などに使用されるよ。

クラスタリングの種類

クラスタリングには、いくつか種類があります。

階層クラスタリングは、階層ごとにデータをクラスタ分けしていく手法です。データのクラスタごとの階層がわかる**デンドログラム**という図が作成できることが特徴です。一方で、データの件数が多いと、計算量が膨大になり、図も複雑になってしまうというデメリットがあります。

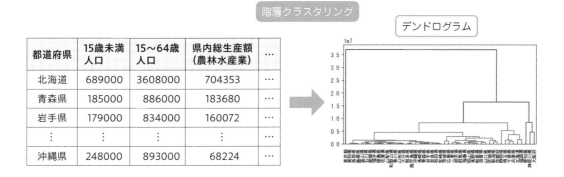

階層クラスタリング / デンドログラム

都道府県	15歳未満人口	15〜64歳人口	県内総生産額（農林水産業）	...
北海道	689000	3608000	704353	...
青森県	185000	886000	183680	...
岩手県	179000	834000	160072	...
⋮	⋮	⋮	⋮	...
沖縄県	248000	893000	68224	...

非階層クラスタリングは、データを階層化せずにクラスタ分けしていきます。非階層的クラスタリングの代表的なものに**K-means法**があります。K-means法は、データの重心を繰り返し計算し、クラスタに分けていく手法です。

K-means法では、分析者が事前にクラスタ数を指定します。クラスタ数が多すぎると結果の解釈が困難になるため、3〜5程度を目安とします。クラスタリングを実行すると、各クラスタの中心点が計算され、各データは各クラスタの中心点との距離に基づいて、所属するクラスタが決定されます。なお、クラスタリングの対象とするデータ（変量）には、定量データを使用します。

scikit-learnとは

scikit-learnは、様々な機械学習の分析手法を適用できるライブラリです。機械学習の分析手法は多岐にわたるため、PandasやMatplotlibなどと異なり、分析手法に合わせて個々のモジュールをインポートします。scikit-learnの扱いを習得すれば、様々な機械学習の分析手法を適用できます。

scikit-learn のモジュールの例

分析手法	モジュール
クラスタリング（K-means法）	sklearn.cluster.KMeans
分類（ロジスティック回帰）	sklearn.linear_model.LogisticRegression
回帰分析（線形回帰）	sklearn.linear_model.LinearRegression

 6-1-2 K-means法の実行例

scikit-learnでK-means法を実行するには、**sklearn.cluster.KMeansモジュール**を使用します。

K-means 法

sklearn.cluster.KMeans モジュールで、引数 n_clusters によりクラスタ数を指定してオブジェクトを作成します。そのあとに、fit メソッドで対象にするデータを指定し、クラスタリングを行います。そのあとに「変数名.labels_」と指定して、クラスタリングを行った結果であるクラスタ番号（グループ番号）を呼び出せます。

> **構文**
> ```
> 変数名 = KMeans(n_clusters= クラスタ数 )
> 変数名 .fit(X= クラスタリングの対象とするデータ )
> 変数名 .labels_
> ```

例： 変数 kmeans に、クラスタ数を 3 で作成した KMeans オブジェクトを代入する。クラスタリングの対象とするデータに、変数 df からすべての行の列番号 3 以降のデータを指定して、K-means 法でクラスタリングをする。変数 df のデータフレームに列「クラスタ番号」を追加し、クラスタリングをした結果であるクラスタ番号のデータを代入する。

```
kmeans = KMeans(n_clusters=3)
kmeans.fit(X=df.iloc[:, 3:])
df["クラスタ番号"] = kmeans.labels_
```

K-means 法によるクラスタリングは、データの重心を繰り返し計算し、クラスタに分けていきます。このため、最初に設定するデータによっては、クラスタリングをした結果であるクラスタ番号（グループ番号）が変わる場合があります。クラスタリングの結果を固定するには、fit メソッドの実行時にキーワー

ド引数random_stateで任意の数値を指定します。同じ数値を指定した場合、クラスタリングの結果が同じになります。なお、以降のプログラムでは、キーワード引数random_stateを指定しています。

 実践してみよう

K-means法による非階層クラスタリングを実行してみましょう。まずは、ライブラリのインポートとフォントの設定を行います。

📋 構文の使用例

プログラム：6-1-2_1

```
01  import pandas as pd
02  import matplotlib.pyplot as plt
03  from sklearn.cluster import KMeans
04
05  plt.rcParams["font.family"] = "MS Gothic"
```

解説

01 pandasモジュールにpdと別名を付けてインポートする。
02 matplotlib.pyplotモジュールにpltと別名を付けてインポートする。
03 sklearn.clusterモジュールからKMeansモジュールをインポートする。
04
05 グラフ描画に使用するフォントに「MS Gothic」を指定する。

ライブラリのインポートとフォントの設定のみなので、実行結果は表示されません。続いて、CSVファイル「demo6-1.csv」を読み込み、クラスタリングの対象とするデータフレームを作成します。ここでは、422件のデータが読み込まれます。以降の学習に備えて、列「惣菜販売額」と列「弁当販売額」のデータ型をint32型に変換します。

プログラム：6-1-2_2

```
01  df_order = pd.read_csv("demo6-1.csv", dtype="object")
02  df_order[["惣菜販売額", "弁当販売額"]] = df_order[["惣菜販売額", "弁当販売額"]].
    astype("int32")
03  df_order
```

解説

01 CSVファイル「demo6-1.csv」を、データ型にobject型を指定して読み込み、作成したデータフレームを変数df_orderに代入する。
02 変数df_orderの列「惣菜販売額」「弁当販売額」のデータ型をint32型に変換し、変数df_orderの列「惣菜販売額」「弁当販売額」に代入する。
03 変数df_orderのデータフレームを表示する。

	注文番号	店舗種別	地域	惣菜販売額	弁当販売額
0	N1	自然食	東京	1422	1989
1	N2	自然食	東京	1059	2267
2	N3	自然食	東京	1660	2000
421	N422	一般	東京	290	468

422 rows × 5 columns

　変数df_orderのデータフレームの数値データ（列「惣菜販売額」と列「弁当販売額」のデータ）を対象にして、クラスタリングを実行します。

プログラム：6-1-2_3

```
01  kmeans = KMeans(n_clusters=3, random_state=0)
02  kmeans.fit(X=df_order.iloc[:, 3:])
03  df_order["クラスタ番号"] = kmeans.labels_
04  df_order
```

解説

01　クラスタ数を3、クラスタリングをした結果が固定されるように指定してKMeansオブジェクトを作成し、変数kmeansに代入する。

02　クラスタリングの対象とするデータに、変数df_orderからすべての行の列番号3以降のデータを指定して、K-means法でクラスタリングをする。

03　変数df_orderに列「クラスタ番号」を追加し、クラスタリングをした結果であるクラスタ番号のデータを代入する。

04　変数df_orderのデータフレームを表示する。

実行結果

	注文番号	店舗種別	地域	惣菜販売額	弁当販売額	クラスタ番号
0	N1	自然食	東京	1422	1989	2
1	N2	自然食	東京	1059	2267	2
2	N3	自然食	東京	1660	2000	2
419	N420	自然食	東京	1683	6057	1
420	N421	一般	東京	1345	438	2
421	N422	一般	東京	290	468	2

列「クラスタ番号」が追加される

422 rows × 6 columns

変数df_orderのデータフレームに列「クラスタ番号」が追加され、クラスタリングをした結果であるクラスタ番号のデータ（「0」「1」「2」のいずれか）が格納されます。なお、引数random_stateに任意の数値（ここでは「0」）を指定しているので、列「クラスタ番号」のデータは何度実行しても同じになります。

 よく起きるエラー ··

クラスタリングの対象とするデータに、数値以外のデータを指定すると、エラーになります。

実行結果

```
--------------------------------------------------------------
ValueError                          Traceback (most recent call last)
~\AppData\Local\Temp\ipykernel_14456\2359268321.py in ?()
    1 kmeans = KMeans(n_clusters=3, random_state=0)
----> 2 kmeans.fit(X=df_order.iloc[:, 2:])
    3 df_order["クラスタ番号"] = kmeans.labels_
    4 df
```
```
ValueError: could not convert string to float: '東京'
```

- エラーの発生場所：2行目「kmeans.fit(X=df_order.iloc[:, 2:])」
- エラーの意味 　　：データを数値に変換できない。

プログラム：6-1-2_3_e1

```
01 kmeans = KMeans(n_clusters=3, random_state=0)
02 kmeans.fit(X=df_order.iloc[:, 2:])←───── 「3」とするべき箇所を誤って「2」と記述した
03     ⋮
```

- 対処方法：クラスタリングの対象とするデータには、数値型のデータの列のみを指定する。

クラスタリング後のデータの分析

データフレームの列「クラスタ番号」ごとにデータ件数を集計します。

プログラム：6-1-2_4

```
01 df_order["クラスタ番号"].value_counts()
```

解説

```
01 変数df_orderの列「クラスタ番号」ごとにデータ件数を求める。
```

実行結果

```
クラスタ番号
2    279
0     77
1     66
Name: count, dtype: int64
```

クラスタ番号ごとのデータ件数は、クラスタ番号2のクラスタが279件で最も多いことがわかります。クラスタ番号ごとに列「惣菜販売額」と列「弁当販売額」のデータの平均値を求めましょう。

プログラム：6-1-2_5

```
01 df_order.groupby("クラスタ番号")[["惣菜販売額", "弁当販売額"]].mean()
```

解説

01 変数df_orderの列「クラスタ番号」をグループ化し、グループごとに列「惣菜販売額」と列「弁当販売額」の平均値を求める。

実行結果

	惣菜販売額	弁当販売額
クラスタ番号		
0	3926.623377	1184.103896
1	1194.606061	4716.893939
2	1147.240143	1008.046595

クラスタ番号0は「惣菜販売額」が大きく、クラスタ番号1は「弁当販売額」が大きいことがわかります。また、クラスタ番号2は「惣菜販売額」と「弁当販売額」の両方が同程度で小さいことがわかります。次に、クラスタ番号ごとに「惣菜販売額」と「弁当販売額」のデータの分布を散布図で確認しましょう。

プログラム：6-1-2_6

```
01 fig = plt.figure(figsize=(6, 4))
02 ax = fig.add_subplot(1, 1, 1)
03 df_order[df_order["クラスタ番号"]==0].plot(x="惣菜販売額", y="弁当販売額",
   kind="scatter", ax=ax, marker="o", color="c", alpha=0.5)
04 df_order[df_order["クラスタ番号"]==1].plot(x="惣菜販売額", y="弁当販売額",
   kind="scatter", ax=ax, marker="s", color="k", alpha=0.5)
05 df_order[df_order["クラスタ番号"]==2].plot(x="惣菜販売額", y="弁当販売額",
   kind="scatter", ax=ax, marker="^", color="m", alpha=0.5)
06 plt.legend(["クラスタ番号0", "クラスタ番号1", "クラスタ番号2"], loc="upper left", bbox_
   to_anchor=(1, 1))
07 plt.show()
```

解説

01 変数figに、幅を6、高さを4で作成したFigureオブジェクトを代入する。

02 変数axに、行数を1、列数を1、グラフの表示位置を1で作成したAxesオブジェクトを代入する。

03 変数df_orderの列「クラスタ番号」が0のグラフ描画設定で、x軸（横軸）のデータを「惣菜販売額」、y軸（縦軸）のデータを「弁当販売額」、グラフの種類を「散布図」、Axesオブジェクトを変数ax、マーカーの形状を「円」、マーカーの色を「シアン」、マーカーの透明度を0.5に指定する。

04 変数df_orderの列「クラスタ番号」が1のグラフ描画設定で、x軸（横軸）のデータを「惣菜販売額」、y軸（縦軸）のデータを「弁当販売額」、グラフの種類を「散布図」、Axesオブジェクトを変数ax、マーカーの形状を「正方形」、マーカーの色を「黒」、マーカーの透明度を0.5に指定する。

05 変数df_orderの列「クラスタ番号」が2のグラフ描画設定で、x軸（横軸）のデータを「惣菜販売額」、y軸（縦軸）のデータを「弁当販売額」、グラフの種類を「散布図」、Axesオブジェクトを変数ax、マーカーの形状を「上向き三角」、マーカーの色を「マゼンタ」、マーカーの透明度を0.5に指定する。

06 凡例の項目名を「クラスタ番号0」「クラスタ番号1」「クラスタ番号2」の順でリストに指定し、凡例の表示位置をグラフ描画の枠外の右上に設定する。

07 グラフを描画する。

実行結果

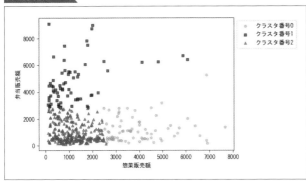

散布図に描画すると、先ほど平均値で分析した傾向がみてとれます。続いて、店舗種別ごと（「一般」と「自然食」の2種類あり）にクラスタ番号のデータのデータ件数を表示して分析しましょう。

プログラム：6-1-2_7

```
01 df_grpbar = df_order.pivot_table("注文番号", aggfunc="count", index="店舗種別", columns="
   クラスタ番号")
02 df_grpbar
```

解説

01 変数df_orderから、行に使う列名を「店舗種別」、列に使う列名を「クラスタ番号」と指定して、列「注文番号」のデータ件数を求めたピボットテーブルを作成し、変数df_grpbarに代入する。

02 変数df_grpbarのデータフレームを表示する。

実行結果

クラスタ番号	0	1	2
店舗種別			
一般	65	5	213
自然食	12	61	66

6

データのグルーピングを行う

```
01  fig = plt.figure(figsize=(6, 4))
02  ax = fig.add_subplot(1, 1, 1)
03  df_grpbar.plot(kind="bar", ax=ax, color=["c", "k", "m"], stacked=True)
04  plt.legend(["クラスタ番号0", "クラスタ番号1", "クラスタ番号2"], loc="upper left", bbox_
    to_anchor=(1, 1))
05  plt.show()
```

解説

01　変数figに、幅を6、高さを4で作成したFigureオブジェクトを代入する。

02　変数axに、行数を1、列数を1、グラフの表示位置を1で作成したAxesオブジェクトを代入する。

03　変数df_grpbarのグラフ描画設定で、グラフの種類を「棒グラフ（垂直）」、Axesオブジェクトを変数ax、項目の色を「シアン」「黒」「マゼンタ」の順でリストに、項目の積み上げをするに指定する。

04　凡例の項目名を「クラスタ番号0」「クラスタ番号1」「クラスタ番号2」の順でリストに指定し、凡例の表示位置をグラフ描画の枠外の右上に設定する。

05　グラフを描画する。

実行結果

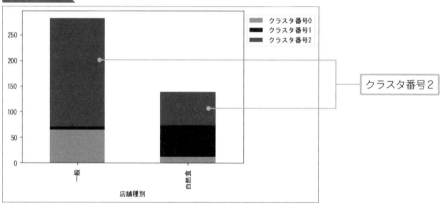

「店舗種別」が「一般」の店舗では、クラスタ番号2のデータ件数が多くの比率を占め、クラスタ番号1のデータ件数が非常に少ないことがわかります。「店舗種別」が「自然食」の店舗では、クラスタ番号1とクラスタ番号2のデータ件数が同じくらいで、クラスタ番号0のデータ件数が少ないことがわかります。

仮説として、クラスタ番号1は「弁当販売額」が大きいクラスタであることがわかっているので、「自然食の店舗の方が弁当を好む顧客が多い」という分析結果を導くことができるね。

付録

研修コースのご紹介

　富士通ラーニングメディアは、企業の人材育成をご支援するため、個人が成長するための自己研鑽の場として、ヒューマンスキルから最新のITテクニカルスキルまで、幅広いカテゴリに対応した多数のコースカリキュラムをご提供しています。

　教室での集合型研修（講習会）、ライブ型研修（オンライン研修）、eラーニングなど、受講スタイルに合わせてコースをご用意しています。豊富なラインナップの中から、お客様の研修体系・スキルアップ計画に合うコースを選んで受講していただけます。

https://www.knowledgewing.com/kw/

　Pythonに関する研修コースは、充実したラインナップでご提供しています。本書の書籍化のベースとした「Pythonによるデータアナリティクス　〜Step1　可視化・解釈編〜」コースをはじめ、さらに上位コースであるAIの機械学習のコース「Pythonによるデータアナリティクス〜Step2　機械学習基礎編（分類・回帰）」などがありますので、受講いただくことでさらにPythonの上位スキルを習得していただけます。

　ここでは、Pythonに関連する研修コース（ラインナップ）のうち、講習会を中心とした主要コースについてご紹介します。

　※すべてを記載できないため、ここでは一部のコースをご紹介しています。

　※2024年5月現在の情報です。今後、コース内容が変更される場合があります。最新情報は、P.238の「研修コースの最新内容について」を参照ください。

● Pythonを使用してアプリケーションを開発する

Python入門

Pythonの基本的な文法（変数、リスト、演算子、制御文など）について、講義による説明と、実際にプログラムを作成する実習をとおして学習します。

Pythonプログラミング応用

「Python入門」の次のステップとして、オブジェクト指向プログラミングやモジュール化、文字列操作、リスト内包表記などといったPythonの応用的な内容を学習します。

Pythonによる Webアプリケーション開発

Webアプリケーションフレームワークである Flaskと、データベースを操作するライブラリのdatasetを使用し、効率的なWebアプリケーションの開発を講義と実習によって学習します。

Pythonの基本的な文法や応用的な内容、そしてWebアプリケーションの開発について学ぶことができるコースだよ。

Pythonで機械学習、ディープラーニングを行う

Pythonによるデータアナリティクス
Python基本文法編

Pythonでデータ分析を行う際に必要となるPythonの基本文法と「NumPy」ライブラリについて学習します。今後、Pythonを使って機械学習によるデータ活用を目指す方にとっての前提コースです。

NumPyの部分のみ
本書に取り入れ

Pythonによるデータアナリティクス
～Step1 可視化・解釈編～

データの表操作や可視化を中心に、Pythonのデータ分析ライブラリである「Pandas」「Matplotlib」などを使ったデータ分析の基礎を講義と実習により学習します。今後、Pythonを使った機械学習手法を習得したい方にとっての入門コースになります。

本書のベースと
なった研修コース

Pythonによるデータアナリティクス
～Step2 機械学習基礎編(分類・回帰)～

Pythonの代表的な機械学習ライブラリであるscikit-learnを用いて、機械学習について講義と実習をとおして学習します。はじめて機械学習を適用する方が知っておくべきこと(分類、回帰、交差検証、パラメーター調整など)を学習します。Pythonを使ってはじめて機械学習を適用する方に向けた内容となっています。

Pythonによるデータアナリティクス
～Step3 機械学習応用編(データ加工)～

データ分析作業の8割を占めるといわれる「前処理」について学習します。データ分析の精度は、前処理で決まるといわれるほど、分析結果に大きな影響を与えます。Pythonを使って数値データの前処理を中心に行います。

データ活用人材育成プログラム
～ケースで鍛えるビジネスへのデータ応用力～

実在する事業者(水産物販売会社)の課題とデータ(一部加工)を基にしたデータ分析ワークを行います。分析結果を基にビジネス改善の提言を行い、ビジネスサイドとデータサイドの両面からリアリティあるフィードバックを受けることで、データを実務に活かす観点やスキルを身に付けます。

● Pythonを使用して業務の自動化を図る

ゼロからはじめる Pythonによる日常業務効率化

ファイルやフォルダの操作、Excel操作など、日常の業務でありがちな作業をPythonによって効率化する方法を学習します。プログラミング経験の有無を問わず、紹介するサンプルプログラムをアレンジすることで、すぐに業務に活用できます。決まった日時での処理の実行や、ファイルやフォルダの操作（検索、移動、新規作成、削除）、Excelのシートの操作（参照、入力）などを身に付けます。

ネクストステップ Pythonによる日常業務効率化

「ゼロからはじめるPythonによる日常業務効率化」研修コースから一歩進んだ日常業務の効率化を学びます。Excelのさらに高度な操作（分析、複数シートからのデータ突合せ、グラフ化など）や、WebページのHTML文書から必要なデータを取得するWebスクレイピング、またPythonによるSMSやメールでの通知の方法などを身に付けます。

Pythonでできることは、アプリケーション開発、機械学習、業務の自動化など、たくさんあるよ。
このようにPythonの研修コースは充実していて、必要な技術を効率的に学べるから、ぜひ活用してみてね。特に本書のベースとなった次のステップとなる「Pythonによるデータアナリティクス 〜Step2 機械学習基礎編（分類・回帰）」がお薦めだよ！！

研修コースの最新内容について

① ブラウザを起動し、次のホームページ（富士通ラーニングメディアのホームページ）にアクセス　【パソコンの場合】

```
https://www.knowledgewing.com/kw/
```

※アドレスを入力するとき、間違いがないか確認してください。

① 以下のQRコードを読み取り

【スマートフォン・タブレットの場合】

② 《コース名・キーワードから探す》の検索ボックスで「Python」と入力し、 🔍（検索ボタン）をクリック

```
Python                                    Q
```

※Pythonに関連する研修コースの最新内容の一覧が表示されます。

索引

おわりに

　最後まで学習を進めていただき、ありがとうございました。Pythonによるデータ分析の学習はいかがでしたか？

　本書では、Pythonを使ったデータ分析の入門書として、データ分析に欠かせないライブラリ群（NumPy、Pandas、Matplotlibを中心に）を徹底的に解説しました。「プログラムが思ったとおりに動いた！」「Pythonのプログラムでこんなこともできるんだ！」など、学習を進める中で楽しさや発見がありましたら幸いです。

　プログラミングの学習は、テキストを1回読んだだけではなかなか理解が難しいかもしれませんが、その場合は「実践してみよう」のプログラムを実行して解説と照らし合わせてみたり、「実習問題」をもう一度解き直したりしてみてください。プログラミングに慣れていくことで、段々とわかるようになっていくはずです。

　Pythonの魅力は、何といってもデータ分析ができることです。第1章でも解説しましたが、「データ分析のためのライブラリが充実」「マルチプラットフォーム・大量のデータ処理」「低コスト」といった特徴があり、さらにAIの機械学習にもつながっていきます。

　本書は富士通ラーニングメディアの研修コースの1つである「Pythonによるデータアナリティクス〜Step1　可視化・解釈編〜」をベースとしています。研修コースにはほかにも、Pythonに関する豊富なコースがラインナップされています。特に、次の応用的な内容であるPythonで機械学習を行うコースなど、様々な研修コースを選ぶことができます。本書を読み終えたら、さらにPythonによる応用的なプログラミングにもチャレンジしてみてください！

FOM出版

よくわかる
Python データ分析入門
〜 はじめてでもつまずかない
NumPy/Pandas/Matplotlib 〜
(FPT2306)

2024年7月11日　初版発行

著作／制作：株式会社富士通ラーニングメディア

発行者：佐竹　秀彦

発行所：FOM出版 (株式会社富士通ラーニングメディア)
　　　　〒212-0014 神奈川県川崎市幸区大宮町1番地5 JR川崎タワー
　　　　https://www.fom.fujitsu.com/goods/

印刷／製本：株式会社サンヨー

イラスト：かみじょーひろ

制作協力：リブロワークス